地球環境 陸・海の生態系と人の将来

大震災後の海洋生態系

――陸前高田を中心に

小松正之 Masayuki Komatsu

雄山閣

地球環境　陸・海の生態系と人の将来
大震災後の海洋生態系―陸前高田を中心に―

はじめに

気仙川・広田湾は私の生まれ故郷の大自然である。その大自然が人工の力によって年々破壊されつつある。特に東日本大震災後の復興工事では、環境影響評価法に基づくアセスメントも実施せずに防災をすべてに優先し、巨大防潮堤が完成した。これらの建設によって高田松原と古川沼の膨大な湿地帯と砂州が減少し一部は消滅した。

人工的な砂浜と巨大な人口防潮堤は、これは自然調和からは程遠い。そしてこの防潮堤で住民の命と生活が守れて豊かになるのであろうか。そうはならないから人々はこれらの地域から内陸の別の都市部へと移住をしてしまう。景観の変化もコンクリートは見たくない人が多い。

私は東日本大震災の前から、衰退していく故郷と沿岸地域を見るにつけて、どうにか自然と漁業・水産業の再生が図れないものかと考えて、世界の各地で、ヒントになる地域と研究機関を回って歩いた。それらは主として欧米の各国であった。

米国の東海岸のチェサピーク湾、サンフランシスコ湾とモントレー湾そして豪州のグレートバリアリーフ（大保礁）であった。

このうちチェサピーク湾に隣接するスミソニアン環境研究所（ＳＥＲＣ）には震災後二〇一五年五月に訪

れた。そしてチェサピーク湾の重要な漁業であるカキとブルークラブとシマスズキの復活の取組と人工海岸を生きた海岸に換えることについて学んだ。

二〇一七年六月には、スミソニアン環境研究所のハインズ所長を陸前高田市と大船渡市に迎えて現地を視察してもらい、そして、住民のための国際シンポジウムを開催した。これが契機となって自然再生への関心が陸前高田市と大船渡市に芽生えたように見えたが、その後もコンクリート工事の復興工事は進んでいった。この間も広田湾と大船渡湾の水質などは少しずつ悪化した。また、巨大な干潟であり湿地帯であった陸前高田市の小友浦は津波で堤防が破壊されたので、海浜に希少生物と絶滅危惧種が数多く復活したが、陸前高田市は、残土処理場として震災復興工事から出てきた残土と砕石で埋め立ててしまった。

日本人は自然と調和しかつ自然を大切にする民族であると、多くの機会で教えられた。本当にそうであろうかと、反問する機会が多い。神社の森を破壊して、其処からの土砂で陸前高田市街地を盛り土した。一方で住居は高台移転をしたので、盛り土をした土地には、プレハブの建設物があって、居住地はなく、半永久的な建物もない。巨大防潮堤、市街地のかさ上げと住居の高台移転は三つとも必要ではない。一つないし二つで十分であろう。そして、これらの三つの工事メニューのすべてで、人間にとって重要な自然を破壊するのである。自然を破壊すれば、自然の恩恵である農林水産物の生産からの恵みは減少してその質も悪化することは当然の帰結である。陸前高田市と大船渡市に限らず日本の沿岸地域の漁業・水産業と農業生産量は年々減少するばかりである。

もっと自然を大切にし、自然保護をする当たり前のことが、近年の日本人にはどうしてできなくなったのか。どうして安易にコンクリートの建設物を造り、自然と人間を遮断し、自然と自然の間の水、栄養、生物・生命の連鎖と土砂の流れを遮断するのか。そして防災に際してなぜ、十分な学問的かつ実証論的な裏付けも、環境影響評価もなく防災施設が次から次へと建設されて豊かな自然が破壊されるのか。これらのコンクリート建設が防災に役立った例を見てみたいものである。大船渡湾、釜石湾の湾口防波堤と陸前高田の防潮堤は崩れ去った。住民の命を守れなかった。千曲川と武蔵小杉の河川堤防も決壊した。多くの被害を被った。

本書の第Ⅰ章「二〇一八～二〇二〇年度広田湾・気仙川総合基本調査」は上記の問題を抱えている気仙川の分水嶺の一帯の森林・山林地帯とその下流域並びに広田湾の海洋の構造を科学的にかつ科学計測データに基づき解明しようとした本邦初といってもよい報告書である。広田湾の水質の指標である濁度は震災後高いままである。汚れたままである。この汚れは工事から排出される土砂、松原海岸からの砂の流失や化学物質と生物科学的なものの複合である。また、海洋の流れが工作物によって変えられ、減速している。古川沼は防潮堤で閉塞して出来上がった人造湖である。東半分は流れが遅く、クロロフィル量が高いがこれが活用されずに死滅する。貧酸素水塊も観察された。小友浦は残土処理で生物の多様性を失ったので、一刻も早い再生をすべきである。広田湾のカキ養殖のためにもこれの再生は必須である。

本書の第Ⅱ章は陸・海洋生態系の回復と水産資源管理に関して国際機関を中心にして国連、国連食糧農業機関（FAO）やユネスコとオランダ・デルタレス研究所と米国環境庁（EPA）などの国際社会の取組を紹介している。

本書第Ⅲ章は海洋生態系の回復と管理に向けてのノルウェー、英国、アイスランドと米国の政策と取組について実例を持って紹介している。

本書の第Ⅳ章は大変にユニークな内容で、世界と日本の卸売市場についても解説である。世界最大の食品市場のフランス・パリのランジス市場を皮切りに、英国ビリングスゲート市場の歴史と今、ニューヨークの新フルトンマーケットとシドニー・フィシュ・マーケットと韓国ソウル市場などを紹介し、日本の豊洲市場以外の消費地と産地市場を紹介した。これら第Ⅱ～Ⅳ章は著者がみなと新聞に連載したものを再掲載したものである。

このように陸から海への生態系問題と課題が包括的かつ専門的かつ科学の視点を持って掲載された内容となっており、また、専門家だけでなく一般の人にもわかりやすくと心がけて執筆されたものである。是非、手に取ってご覧いただければ幸いである。

【第Ⅰ章】二〇一八〜二〇二〇年度広田湾・気仙川総合基本調査

一般社団法人生態系総合研究所（代表理事 小松 正之）は、広田湾・気仙川総合基本調査を二〇一八年度（平成三〇年度）から二〇二〇年度（令和二年度）までの三か年計画で実施した。ただし、本調査に先行した調査を二〇一五年度（平成二七年度）から二〇一七年度（平成二九年度）まで民間資金を受けて実施した。

広田湾、気仙川流域、古川沼と高田松原は、東日本大震災と大津波により壊滅的な被害を受けた。その後の防災を主目的とした防潮堤工事、嵩上げ事業や高台造成事業により、広田湾、古川沼及び気仙川流域と市内各所の自然生態系への影響が懸念されるところである。さらには、海産物の生産量減少や品質低下、その影響回避のための労働負担増など漁業・養殖業に対しては否定的影響が著しいと考えられる。

【写真1】広田湾・気仙川と古川沼と高田松原の防潮堤（2020年8月25日撮影）

そこで、「二〇一八年度から二〇二〇年度の三か年での生態系や社会経済への影響を包括的、科学的かつ社会学的に調査し、分析・評価して陸前高田市民に市の生態系と自然並びに農林水産業・養殖業等社会経済に関する基本情報を提示するとともに、将来の政策の基礎となる諸データを収集することを目的とする（平成三〇年度予算書に記載）」調査事業を実施した。以下はその結果報告である。

調査項目（全体）

広田湾調査

（ア）河川水・地下水と土砂の流入状況の調査

広田湾に流入する河川の最大のものは気仙川である。住田町の高清水山を源流とする気仙川本流と種山が原を源流とする大股川が小股川を集水したのち、住田町の川口で合流し下流に下る。そして、陸前高田市内で黒森山を源流とする中平川と生出川が合流する矢作川が、更に気仙川に流入する。陸前高田市と住田町を分水嶺として包括するが、その流域面積は五二〇平方kmである。気仙川は高清水山（一、〇一三・〇m）から発して、約四〇kmに及ぶ。合流地点は、サケ・マス孵化場と陸前高田市の浄水場が立地する。

気仙川水系の他に、大震災工事期間中に枯れ川となった長部川が広田湾に注ぐ。また、箱根山を源流として、米崎小学校脇でもう一本の支流を束ねる浜田川が古川沼の東脇で広田湾に注ぐ。古川沼を経由する河川は、陸前高田市の市街地を流れる和野川を源流とする川原川と、市街地の東の田園地帯を流れる小泉川がある。陸前高田市と住田町は八〇％が山地であり、急流な小河川と沢が多い。

気仙川からの河川水の流入状況

気仙川水系は陸前高田市と住田町の気仙川の流域で完結した分水嶺（Watershed）（注）を形成する。したがって、この分水嶺の範囲内に降雨した水は蒸発水以外すべて、この分水嶺に入り込む。最終的には気仙川水系の分水嶺が河川水、伏流水と地下水として集水するほか、地下水系を通じて広田湾に流出すると考えられる。降雨が次第に気仙川水系に集水されることは、気仙川の水量が下流に下るにつれて増加することで明らかに分かる。また、川原川、小泉川と浜田川にも雨水が流入すると考えられる。

しかしそのほかにも、土中に浸透し、または、土地、田んぼや道路や排水溝を通過して、古川沼や広田湾に注ぐと考えられる。その量は、計算の根拠となる地下水量などの指標的な値がないので、推定は困難である。他方、以下の推定値（参考）を計算した。しかしながら、気仙川への雨水の流入と地下水などの流入量の全体量は、高清水山と五葉山を源流とする気仙川本流と種山が原を源流とする大股川を含む住田町を入れて考えることが必要である。

（注）分水嶺：山脈や山稜によって分割され流れ込む雨水の河川流・地下水流のこと。

【図1】気仙川分水嶺
（資料提供：沿岸広域振興局大船渡土木センター 住田整備事務所 治水整備チーム）

推定値（参考）

陸前高田市の市街地への降雨量から、水量を推計したものがある。

（雨水）五、三七〇、〇〇〇㎡×一・二七三m×〇・一＝六八三、六〇一㎥（t）

（汚水）二〇一八年　汚水放流水量　二一〇、四二四㎥

六八三、六〇一／二一〇、四二四≒三・二（倍）

汚染水の処理量は雨水のうち約三分の一しか処理していないことが分

かる。

注：〇・一は雨水のうち排水処理場に流れ込む可能性のある水量の比率と推定した。

気仙川の流入量・流量の推計値の算出については、旧気仙中学校と一本松の二〇〇mラインでの調査を実施した（二〇二〇年八月九日／七月二〇日は参考）。

更に気仙川孵化場付近でも実施し、最上流では三陸沿岸道の気仙大橋のふもとから約一km下流の村上道慶の石碑後付近でも実施した（双方八月九日）。その結果は村上道慶碑付近では三、三六〇t／分である。気仙川孵化場付近では五、〇四〇t／分である。また、旧気仙中学校と一本松のラインでは六、八七二t／分である。下流に行くにしたがって気仙川の水量が増加する。これは、隣接する氾濫原の伏流水と地下水を集水するためと考えられる。降水量の変化と季節による変動なども合わせて考慮する必要がある。特に冬は降水量が少なく、その結果、気仙川からの流入量が減少する。また、クロロフィル量も、日射量も少なくなると、光合成も少なくなる

陸前高田市内の気仙川の現状

竹駒地区　復興工事に必要な川砂利の採取のために河床の砂利を採取した。川の流れが迂回する（二〇一七年報告書一二頁）。

雪が沢　矢作川の合流点の北で気仙川に注ぐ川の一つであるが、川底が見えている状態で、水が枯れてしまった。伏流水は流れている可能性はある。

平貝川　気仙川の右岸で横田町の対岸を流れる。もとは田んぼ。土が削られ、砂利の採取が行われる（二〇一七年報告書一三頁）。

矢作川　黒森山から源流を発して竹駒地区で、気仙川と合流する。矢作川には、生出川と黒森山が源流の中平川が合流する。生出川の上流には、清水川があり、岩手の名水一〇〇選に選ばれた。また、合流点の手前には、白糸滝と閑董院があり清流で有名である。

竹駒地区の廻館橋の付近、越戸内の山林からの土砂採取、矢作町押切地区の採石場、矢作町松の倉沢地区の採石場と飯森地区採石場からの土砂採取が行われている。矢作川と気仙川への土砂の流出が観察された

【写真 2】気仙川の横田町付近（2017 年 5 月）

【写真 3】気仙川の支流の雪が沢（2017 年 5 月）

【写真 4】気仙川のわきの掘削・水だめ（2017 年 5 月）

【写真 5】平貝川（2017 年 5 月）

【写真6】気仙川（中央）と矢作川（左）と気仙川孵化場（2017年5月）

（二〇一七年報告書一七頁）。

地下水　岩手県庁にも陸前高田市役所にも、地下水と伏流水に関する情報がない。気仙川と矢作川の合流点に、浄水場・取水場がある。そこには、直径八m×深さ一一・七mの取水井戸があり、一〇本の取水管で地下水を集めている。一日の取水量は九、〇〇〇t（村上道慶碑付近の気仙川での流水量は三、三六〇t／分）である。ここから、陸前高田市民の約六〇％に対し上水・飲用水の提供が行われている。陸前高田市の説明では、この取水・給水場は地下水を利用している。地下水は水温が一三～一五℃程度で一定であるが、夏場には水温が上昇することから、これは気仙川の伏流水とみられる。

気仙川水系に流れ込む数多くの支流と沢があり、気仙川へ流入する。陸前高田市の氷上山系、住田町と大船渡市の間の山地地形と矢作川、上流の中平川、生出川、清水川への山地から気仙川と高田平野には、地下水と伏流水が流れていると推定される。高田平野は沖積世に形成された砂質、泥質とその下部の礫質から形成されるが、それらの地層を流れる地下水・伏流水量の推定が必要である（図2、3）。

土砂の流入状況　飯森川は飯森山から発しているが、ここでは、一年以上継続する土砂の掘削工事が行われ、掘削時に生じた細かい砂が川に入り込み下流へと流されている（二〇一八年一一月二五日・二〇一八年報告書二〇頁）。これらが原因とみられる養殖ガキに付着するヘドロ質の泥を確認した。これらの泥が気仙川を通じ、広田湾の中央のカキ養殖場まで流れ込んでいると推量される（二〇一八年報告書二一頁）。

【写真7】取水井戸

長部川　長谷川については、下流域からみると、上流の水源が断たれ、水流が枯れていた。（二〇一八年報告書二〇頁）。これが三陸道の開通工事と関係があるかと思われるが、断定できない。広田湾に流れ込む河川水の減少は、広田湾の栄養の状態の低下を意味する。また、長部漁港付近の河口水は、悪臭を放つ時もあった（二〇二〇年八月二一日）。

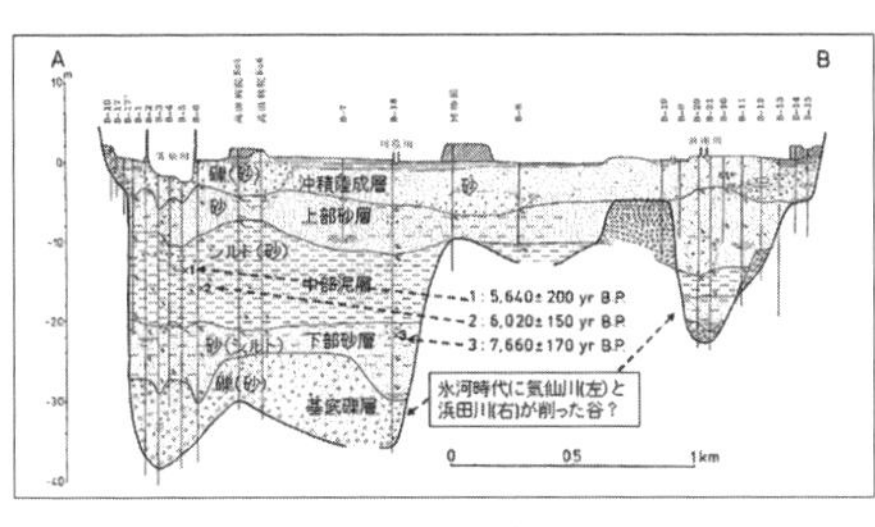

【図2】陸前高田平野の沖積層東西断面図
（千田ほか〈1984〉に加筆）

【図3】陸前高田平野の沖積層南北断面図
（千田ほか〈1984〉に加筆）

浜田川　浜田川は高田平野の東の端の箱根山を源流として米崎町の高畑付近から流れ約二kmの河川で古川沼の東側を広田湾に流れ込む。河川の護岸工事が行われているが、川底に土砂が入り、地形が再造成されている。泥の堆積は工事によるものとみられる（二〇一八年報告書二〇頁）。河口付近には、数は少ないがサケが確認された。ここから上流へと遡上するとみられる。市内を流れる河川としては比較的水量が多い。

川原川　高田町和野の付近に源流を発し、高田町の中心商店街の「アバッセ」の東を真南に南下し、

【写真 8】枯れ川となった長部川（2018 年 11 月）

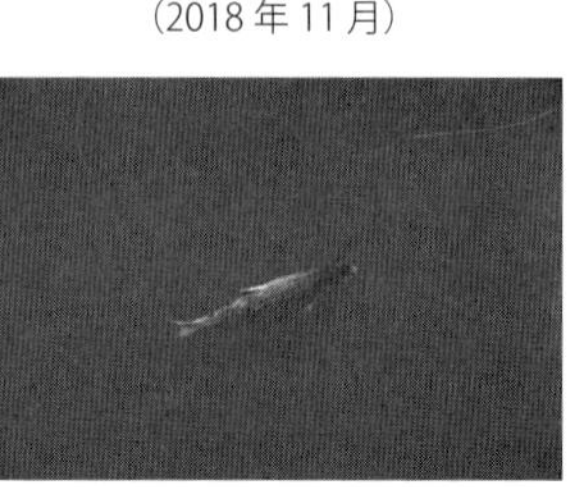

【写真 9】古川沼を遊泳するシロザケ（2018 年 11 月）

【写真 10】古川沼の工事でせき止められたシロザケ（2018 年 11 月）

流下して古川沼に下る一km強の短い河川である。「アバッセ」付近の河岸には、河川敷にはコンクリートが設けられ、歩道もコンクリートで造成された。市民の憩いの場を設けているがコンクリートと捨て石（リップラップ）の使用が目立ち、遊歩道を固めて、植物が繁茂しにくい。これは自然工法による水辺再生とはいいがたい。また、東日本大震災津波伝承館や道の駅の駐車場はコンクリートでそこに降って路面を流れる雨水（ストームウォーター）はその表面を通り、浄化処理場を経由せずに表面水が駐車場の油汚染を含み、そのまま古川沼に流れ込む。自然の浄化力を活用した部分が少ない。人間活動により生じた汚染・化学物質が処理ざれずに入ることの古川沼と広田湾の環境への影響が懸念される。

古川沼の川原川河口付近で護岸工事が行われ、古川沼への河川水の流入は、パイプによる迂回で行われる。松原大橋のたもとには、遡上したサケの魚影が数匹みられることから、古川沼全体では数百匹のサケが回帰・入り込んできたと考えられる。その後、川原川に遡上し産卵するための場が提供されてはいないようだ（二〇一八年報告書二〇頁）。産卵場をサケは失い、四年後の二〇二二年には回帰尾数も減少しよう。

（イ）海流、海層の状況（水温と塩分と栄養状況）調査

広田湾の海流・階層の構造

広田湾は東を広田半島、西を唐桑半島に囲まれ、湾口はほぼ南に向いている湾である。海底地形は基本的に浅いU字型で、水深は湾口部中央で五〇mを超える。湾奥西隅に気仙川が流入し、その東方向に高田松原のある砂浜が米ヶ崎半島まで続いていた（図4）。

海流については岩手県水産試験場（現岩手県水産技術センター）の概要調査（今・浦野一九七三）によると、「海水が満潮に向け流入する上げ潮期と引き潮になる下げ潮期で、潮流の状況が余り変わらない。どちらの時も、流入してくる海水は、唐桑半島沿いにやや深い所から流入し、湾奥で時計回りに展開し、出ていくときは表層付近を湾中央から広田半島沿いの湾東側を南下し、出口付近で二つに分かれる。一つは、真南に沖合に向かい出ていく。もう一つは、広田半島を回り込むように東流していく。この時、黒崎沖では、上げ潮期は椿島に向かう流れであるが、下げ潮期には反対の流れになることである。」今後、この説を検証することが大切である。

また、岩手県水産試験場の水温調査（宮沢ほか一九七六、一九七七、一九七八：坂下ほか一九七九：渡部ほか一九八〇）によると、湾内八か所の平均水温は、年による違いは大きいが、最低水温期は三月から四月で、〇m層では五〜七℃、三m層で五〜八℃程度、最高水温期は〇m層で七月〜九月で二一〜二四℃、三m層では九月でおおよそ一九〜二一℃である。二〇二〇年、三月から四月で最低水温が一mで八℃、八mで八・五℃である。最高水温は一mで二七・五〜二八℃で、ただ浅海域にある両替の一mでは瞬間的ではあるが三〇℃を超えた

【図4】広田湾全景図

（八月二九日）。八mで二三〜二五℃である（広田湾・気仙川調査の水温調査を参照）。

広田湾奥部の海岸は、米ヶ崎が存在することにより、自然環境は東西で大きく異なる。

西側は気仙川河口から排出されて河口沖に堆積した砂が、波浪による沿岸流などで東に動いて高田松原海岸に供給されることで、米ヶ崎までの約二kmの砂浜が形成、維持されていた（鈴木二〇〇六、二〇〇七：陸前高田市史編集委二〇一六年報告書一一六頁）。

海流

広田湾でカキ、ホヤ、広田湾産イシカゲガイやわかめの養殖が卓越している海域の湾奥から中央部を中心に流向、流速の調査を実施し、海流と海層を検討し分析した。湾口（二〇二〇年八月九日〜一一日と二〇二〇年一二月二〇〜二二日）と湾の中央部（二〇二〇年一〇月一七〜一八日）についても調査を実施した。二〇一九年度から実施した流向、流速の調査結果や塩分濃度他を総合的に判断すると、基本的には、上げ潮時と下げ潮時には、海流の動向が異なることが観察される。広田湾は気仙川の水流が流入することによって、湾の表面流と海底・中層流の二種類に分かれると推定される。表面流は気仙川の水流が卓越し、それらが主たる流れである。海底・中層流は、広田湾の外洋の三陸沖からの流入水流である。これらは、大量の流入水を広田湾にもたらす。しかしながら、表面流がもたらす栄養素がカキ他の養殖の主たる栄養源であると判断される。表面流の栄養は気仙川と陸地のしみだしの伏流水と地下水からの流入水がもたらす栄養と考えられる。外洋水が高田松原の沿岸で反転・反射して、南下流となったものにも栄養が含まれると推定される。これら気仙川起源の栄養と外洋水起源の栄養の比率については、詳細な科学的検討を待つ必要がある。

また、湾沿岸寄りと湾中央部では、海流の動向が異なることが観察される。すなわち、広田湾の海流は広田半島と唐桑半島の物理的・地形的な影響を受けているとみられる。湾の中央部では、比較的、直線状に海流が流れるが、湾の両サイドは海岸の物理的形状によって海流がかく乱されて、直線的な海流ではなく、流速が低下したり、反転したり、渦巻き状であったりする。また、湾奥は高田松原海岸の影響を直接的に受けており、上げ潮時にも、上げ潮が海岸に衝突して、それが反転し南下流となることが観察された。また、上げ潮時と下げ潮時の双方に潜堤の影響も観察された。潜堤の内側と松原海岸の間の流速が遅くなり、外側は速い。これは上げ潮時と下げ潮時で同様にみられた。

上げ潮時には、二〇一九年度、二〇二〇年度の流向流速調査の結果により、海層（Stratification）は一〇mをもって二つに区分した（海層は漸進的に変化しているので、厳密な区分けは困難である。また、本調査では一〇mと暫定的に区分したが、今後の温暖化の進展により、海表面の海層が拡大傾向（二〇一九年ＩＰＣＣ海洋・雪氷圏報告書）にあり随時修正が必要とされよう）。

一〇ｍ以浅については、気仙川からの河川水が中央部と長部沖と唐桑半島沿いに湾外に向かって流れている。また、高田松原と潜堤沿いには西の方面への海流が発生している。潜堤と松原沿岸の間の海流は潜堤の外側に比べて流速がおおむね二〇~三〇%程度遅いことが観察された。これは、潜堤の影響と考えられる。

一方、一〇m以深の海流は広田湾の外洋から入る外洋水であるとみられる。

広田湾口に近い広田町泊の観音崎と宮城県唐桑半島の真崎突端の間を結ぶラインでは上げ潮時に観音崎から真崎の間では湾奥に向かって外洋水が流れるが、これは高田松原沿岸に衝突して反転する。

下げ潮時には、潜堤と高田松原付近の表面の一〇m以浅の海流も広田湾の外洋に流れる。しかし、気仙川の水流が強くなり、高田松原と潜堤沿いに一部東側に流れる海流が発生している。しかしながら、第一潜堤付近(八月二四日午前の下げ潮時)では、沖合から高田松原沿岸に向く潮流がみられた。第二潜堤と第三潜堤では、高田松原沿岸から沖合に潮流が流れて、気仙川の影響が観察された。広田湾口の泊の観音崎と宮城県の唐桑半島の真崎突端では、一〇m以浅では、計測した三点の観音崎(広田漁港沖)、中間点と真崎沖の全てで、下げ潮にもかかわらず、湾内に向く海流が観察された。しかし、中間点の流向が最も早く二四~五四cm/秒で、真崎は二三~三一cm/秒、観音崎が最も遅く一〇cm/秒であった。また一〇m以深では、流速が表面よりは、かなり遅くなり、流向も観音崎では広田半島に向かい、真崎沖の流れは真崎に向かっている。中間点だけが、下げ潮にもかかわらず、広田湾内に向かっているが、その速度は表面の流れに比べると二分の一から三分の一に低下する。

一〇m以深の広田湾中央部(県境から広田町鳥の巣崎、長部と矢の浦間)では、流速は一~一五cm/秒と遅くなるが、湾奥向きの流れが卓越する。しかし、表面では流速が早く二〜二〇cm／秒となりながら、湾の外側に向かった流れがみられる。

脇ノ沢は、南下流が観察される。米崎半島の西側では、東西方向に流れがみられ、地形の影響と考えられる。両替湾は、西方流と北方流の二つの流れが三つの調査地点で観察され、最も東側の三日市干潟に近いところでは、これに速い南東流が加わる。両替湾はクロロフィル量も豊富であるが、湾に沿って反時計回りの流向がみられ、それも速い流速を有する海流が流れている。

潜堤付近

潜堤付近は水深が浅い。水深五mでの海流の動きをみると、気仙川に最も近い第一潜堤で北向きと南向きの双方の海流が観察されたが、第二潜堤と第三潜堤では、潜堤の内外とも南下流がみられた。南下流は、潜堤の内側での流速が弱く、外側が早いことが観察された。潜堤が高田松原海岸海底に近い海流の流れを阻害・阻止しているとみられる。

海層の存在

海層は、海流の流向と流速調査、塩分調査と水温などの調査結果から総合的に推測した。広田湾では、気仙川の流入水の影響を受ける表面の海水と外洋水の影響を受ける一〇m以深（一〇m付近で漸進的）で別個の海層を形成しているとみられる。表面水は塩分濃度が低く、淡水である気仙川に近づくほど塩分濃度が低下し、外洋に行くほど、水深が深くなるほど、外洋水の流入の影響を受け、また比重が重いので塩分濃度が増加し、観音崎付近では通常の海水の塩分濃度（三三・四四％ 二〇二〇年八月二四日）になる。

（ウ）水質や底質の調査

概論

1　形状

広田湾は、南東方向に開けた湾であり、唐桑半島と広田半島に囲まれた、水域面積三七・一三㎢、湾口幅が四・七五㎞。閉鎖度指数は一・二八で岩手県でも最も広い面積の内湾である。湾内の中央部での水深は約五〇ｍ、湾口では八〇ｍを超える。高田松原を除けば、海岸部に大きな海浜はなく、崖が多く、小規模な港や砂浜がある。湾岸の南東部には広田・泊漁港があり、北西部に長部漁港があり、いち時遠洋・沖合漁業の根拠地として栄えた。海底地形の特徴は、海岸部より急に深くなり、水深三〇ｍ以浅の有光層の範囲が狭い。海岸部はおおむね岩礁部で形成され、日本特有の典型的なリアス式海岸である。水深が深い湾口は太平洋に向かって広く開口している（図3）。

米ヶ崎があることによって、高田松原沿岸と米が崎の東の両替湾の自然環境は大きく変わる。米ヶ崎までは気仙川からの砂が、高田松原に堆積されてきた。気仙川河口から、米が崎までは浅く一〇ｍ以浅であり、砂質の底質である。この場所は破砕帯を住みかとするコマタ貝、アサリ、ウバガイ（北寄貝）とアユ、イシカワシラウオとシラウオ（一一月から二月ごろ）が生息する（注）。また、孵化放流後のサケの稚魚が成長して太平洋に回遊する前（広田湾漁協気仙川孵化場によるとこれらの回遊に関する調査は行われていない）などの魚にはよい住み家を提供していたとみられる。

湾の中央部から沖合にかけては泥質である。気仙川の河口と沿岸部の広田崎までは砂質がみられる。しかし、東日本大震災で、高田松原が崩壊し、そこに蓄積された高田松原の砂は全て海流によって持ち去られた。これらの砂が起源とみられる砂質の増加が両替湾の底質にみられる（東海大学調査）。また、岩手県の大船渡土木センターの調査によれば、気仙川の水門付近は東日本大震災で五四cm程度沈降し、砂礫・礫石が増加した状態で、これが水門の閉鎖・締め切り操作に悪影響を及ぼすことはないので、導流提の建設を見送っている。また、気仙川の流れを南下流に方向づけるためにと導流堰の設置もなされない。すなわち、高田松原の砂浜の元になる砂の供給が気仙川の河口からはないと考えられる。松原の波打ち際・潮間帯は、海流によって常に打たれており、その砂の量は減少している。二〇一九年一〇月一三日の台風第一九号を含め、高田松原海岸を侵食しており、削り取られて砂量は三、八〇〇tであり、現在中央突堤東側に敷設される砂量八、一六〇tの約四〇％に相当する（注）。これらの砂は南下流や東西流によって高田松原沖の海底に運ばれる。
（注）岩手県調査・玉野総合コンサルタント株式会社：令和二年三月。

2　底質

広田湾は、泥質と砂質が混在する海底地形である。気仙川付近や高田松原付近の沖合は砂質が優勢で、湾中央部分と三日市干拓地付近の両替付近は泥質が優勢である。湾中央部には九〇％以上の微細泥を含む場所が広がっていた（井ノ口他一九八七年：二〇一六年報告書一一五頁）。しかし近年、特に二〇一七年後に、広田湾では砂質が優勢になっている（東海大学報告書）。この原因は、東日本大震災での高田松原の崩壊による大量の砂の流出、気仙川の河口に堆積していた砂質の消滅、花崗岩質である広田半島の風化の進行が原因と推定される。しかし、近年の要因として考えられるのは、高田松原の砂の流出が主たる原因であるとみられる。

3　硫化水素の発生

近年、底質に硫化水素の発生がみられる（東海大学報告書）。

硫化水素は、たんぱく質が海底に沈んだ際に初期段階では酸素で酸化されるが、酸欠状態では、無気反応し、たんぱく質内の硫黄と水素が結びついて硫化水素が発生する。長年にわたるカキ養殖の熱湯処理で、カキの稚貝、ムール貝や他生物の海底への脱落が原因となっていると推定される。これら付着物処理に適切な対応が取られなければ、漁場の悪化につながりかねない。

地質の特徴

広田湾の唐桑半島側の地層は堆積岩主流、広田半島側は花崗岩主流である。

堆積岩は泥化、花崗岩は砂化しやすい。

湾奥（潜堤周辺）は基本的に砂質優勢であるが、湾奥部東側に局地的に泥質が強くなるポイントがある（東海大学二一六年度調査）。各潜堤間には澪筋がある。長部漁港前面には発達した岩礁地帯がある。

第三潜堤の沖合一㎞付近には、高田松原海岸の砂の流出によるものと推量される砂質が最も優勢（八〇～九〇%）なエリアが存在し、更に沖合へ移動すると再び泥質に戻る。

潜堤周辺には砂質中心、湾中央には泥質中心の堆積物が分布している。また、気仙川河口は泥質と砂質が拮抗しているが、水門付近には局地的に泥質が発生している。最近は礫と小石が多いことが確認された（二〇二〇年一〇月・一一月海中ドローン調査）。

両替付近も砂質化している。

二〇一七年春データで沖合の泥質優勢率が減少傾向で推移している事、気仙川河口の泥質優勢スポットが消滅している事などから湾全体の砂質化の可能性が強まっている。

二〇一七年秋のデータでは湾奥の泥質優勢スポット（浜田川付近）も消滅した。

養殖の筏と養殖のカキとホヤには、工事と河川に起源を有するとみられる泥質が付着した。また、養殖物が懸垂される八mのカキのロープを引き上げると、黄土色の海水が流れ出し、これはカキの貝殻とロープの間に付着した泥と考えられる。

水質

広田湾の水質の健全性は、流入する河川である気仙川、長部川と浜田川の水質並びに沿岸域の湧水や地下水の水質に依存する。とりわけ水量が豊富な気仙川の影響を大きく受ける。気仙川の上流の植物相と排水処理場（陸前高田浄化センター）などの排水並びに砂利採取、気仙川孵化場の取水と排水、上水取水場と河岸工

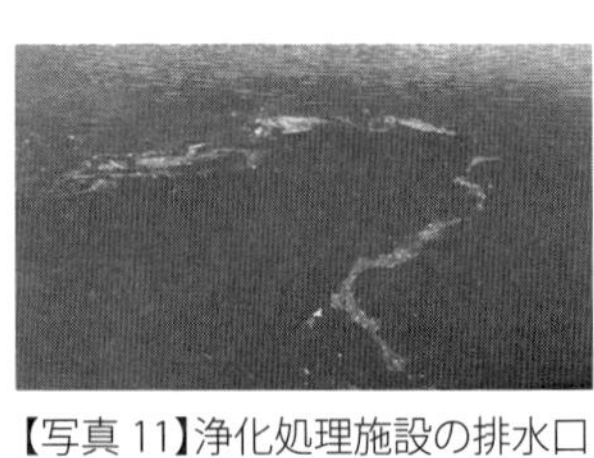

【写真11】浄化処理施設の排水口付近の浮遊物（8月25日9時46分）

事と河岸と森林の植物組成の影響を受ける。

岩手県が実施した調査結果によれば、広田湾ではCOD（化学的酸素要求量）は環境基準（類型A：二mg／ℓ以下）で、水質は良好に保全されている。また、富栄養化の水質指標である窒素及びリンは、環境基準（類型Ⅱ：全窒素〇・三mg／ℓと全燐〇・〇三mg／ℓ以下）を安定に継続している（二〇一五年報告書五〇頁）。しかしながら、それは測定地点にも影響される。例えば、浄化処理施設（陸前高田浄化センター）からの排水は強い臭気があり、汚染浮遊物が水面上を漂い、我々の測定値（二〇二〇年七月調査）では基準値を超えた。欧米では、測定対象の有機物が天然由来と人工由来の双方が混在するのでCODとBODを水質基準値としては、採用していない。すなわちCODとBODは自然由来の有機物を含んで分析するからである。

全燐や全窒素以外の酸素量、白濁係数と生物量と種類などは生物多様性の重要な指標となる。大規模防潮堤工事や三日市干拓地の防潮堤工事並びに嵩上げ工事が進んでいるので、広田湾での人口物由来の濁度（FTU）も高くなっている。

その他の水質指標に関しては、水温、DO（溶存酸素量）、クロロフィル量、塩分と濁度（FTU）を計測した。

①**水温**

広田湾は水温上昇が急激である。冬の最低気温の上昇が目立つ。冬の最低気温が八℃台に上った海域が多くなった。また、水温の低下のスピードが緩やかになって低温にならない高温状態が恒常的にみられる。

夏場についても過去一〇年間程度（岩手県の後浜の水温記録）でみると、その高低の差が年々拡大し、高温の年が増加している。一九七〇～八〇年代は二一～二四℃が最高温であったが、二〇一九年は二七℃に達し二〇二〇年八月二九日に両替の一mでは三〇・〇℃を超えた。浅海域にある両替と脇ノ沢は表面水温が高い傾向にあり、また、冬の最低水温の上昇も大きい。大陽地区、気仙南地区と長部は両替と脇ノ沢のように水深が深くなると、年次ごとの水温の変化の幅が、少なくなる傾向がみられる。これは、外気の変化の影響が少なくなり、また、広田湾の外洋性の流入水の影響は水深が深くなれば、大きくなるからと考えられる。

（注）二〇一九年二月一六日一三時三〇分 大陽一mならびに二〇一九年三月一八日一八時四〇分 大陽八mについては現在精査中。

二〇一八年九月以降、連続水温を計測してきた（図5～9、表1～2）。測定個所数は、徐々に増加し、現在では五か所一〇地点で測定している。長期間にわたる記録が取得された。いずれの地区においても、二月二～三日から水温が低下をはじめて、三月二〇日から三〇日にかけて最低の水温を記録している。また連続水温計の設置を二〇一八年九月以降に開始した。記録期間中の最高水温については、二〇一八年からの水温の計測は、九月二六日からの水温計の設定であり、的確には比較できないが両替の水深一mで二一・八℃（二〇一八年九月二六日）、二〇一九年（八月七日）で二八・三℃であり、それが二〇二〇年（八月二九日）は三〇・〇℃を記録して、急速な上昇である。両替湾は外気の影響を受けやすいが、外洋域にある大陽地区の

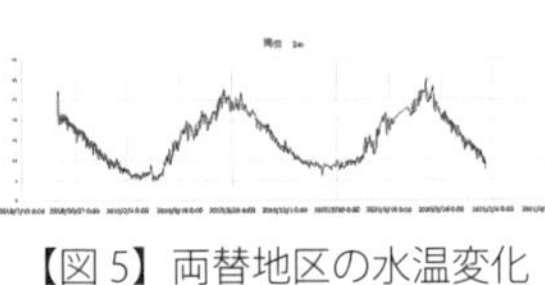

【図5】両替地区の水温変化
（水深1m）

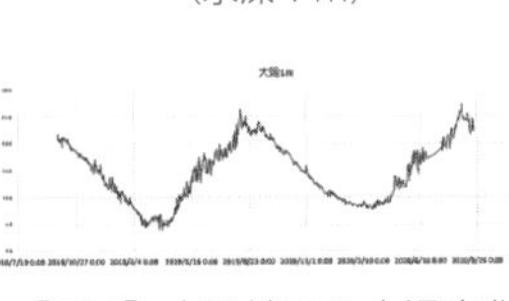

【図6】大陽地区の水温変化
（水深1m）

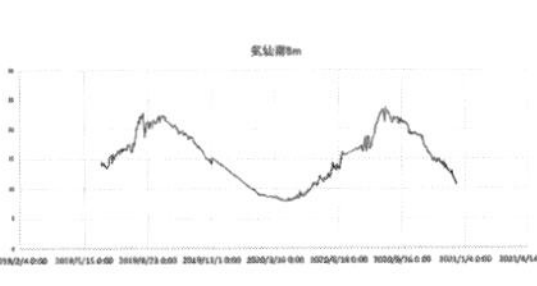

【図7】気仙南地区の水温変化
（水深8m）

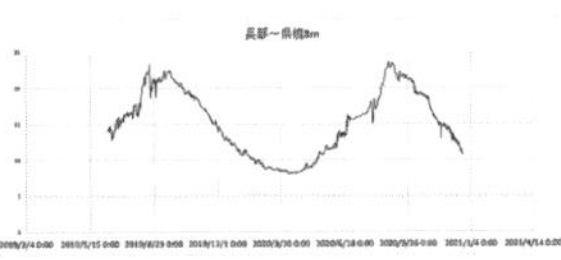

【図8】脇ノ沢地区の水温変化
（水深8m）

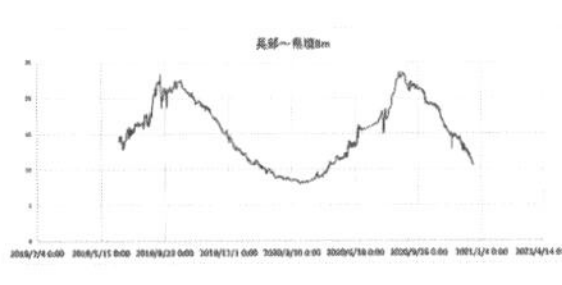

【図9】宮城県との県境地区の
水温変化（水深8m）

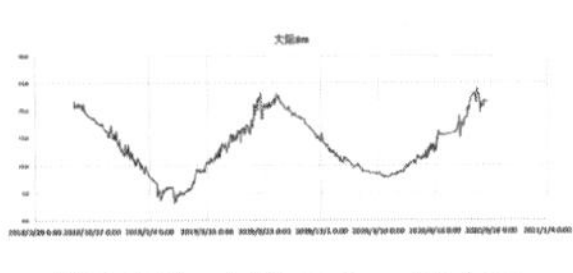

【図10】大陽の8m地点の
2019年と2020年の比較

一mと八mでも上昇している。そのほか気仙南、長部と脇ノ沢でも、長部の八mを除いてはすべてで上昇しており、湾奥に近いほど上昇している。

両替地区　両替地区では二〇一九年における最低水温は三月三〇日ごろにおいて五・五℃程度（一m）であったが、それが二〇二〇年では七・五℃を最低に八・〇℃である。したがって両替では一年間で二℃から二・五℃上昇している。その後の最高水温も一mの水深で二〇一九年（八月七日）の二八・三℃が三〇・〇一℃（八月二九日）に上昇した。六mでは二四・七℃（二〇一九年一〇月一日）が二〇二〇年（八月二六日）の二五・八℃まで上昇している。水温の上昇は最低と最高水温のみではなく、観測期間の全般にわたり一・一℃から一・七℃の水温の上昇が観察される。これらの水温上昇はカキの生産量と生産の質（サイズと身入り）に影響を及ぼす。

広田湾での産卵時期は八月ごろであるが、高水温が産卵に影響を与えている可能性がある。二〇二〇年は七月に入り産卵が行われた（七月一三日気仙町カキ養殖業者）。「例年産卵は八月であり、七月に産卵が行われたのは初めて」との由。

一般に高温化はカキの小型化に結びつき（平田靖博士…元広島県立水産海洋技術センター）、さらに栄養が蓄積されにくくなる。そのために広島の暖海性のマガキと広田湾の冷水海性のマガキを比較すると広田湾の方がサイズは大きく、栄養の蓄積度が高い。

【表1】2018年から2021年までの広田湾での最高水温と最低水温一覧（地区別と水深別）

	両替1m		両替6m		大陽1m		大陽8m	
	記録日	水温	記録日	水温	記録日	水温	記録日	水温
2018年(9月25日観測開始)	2018/9/26 11:48	21.826	2018/10/1 12:35	21.478	2018/9/25 10:10	21.9	2018/9/25 10:10	21.8
2019年	2019/8/7 16:20	28.309	2019/10/1 9:20	24.697	2019/8/8 11:40	26.7	2019/8/16 10:50	23.471
2020年	2020/8/29 12:30	30.006	2020/8/26 20:30	25.805	2020/8/29 13:00	27.368	2020/8/30 14:20	23.918

	気仙南1m		気仙南8m		長部1m		長部8m	
	記録日	水温	記録日	水温	記録日	水温	記録日	水温
2018年(9月25日観測開始)	データなし		データなし		データなし		データなし	
2019年	2019/8/8 14:00	26.126	2019/9/30 15:10	23.69	2019/8/7 20:10	26.59	2019/8/16 14:30	23.796
2020年	2020/8/29 13:50	27.67	2020/8/30 20:10	23.752	2020/8/29 13:50	27.67	2020/8/26 20:50	23.729

	脇ノ沢1m		脇ノ沢8m	
	記録日	水温	記録日	水温
2018年(9月25日観測開始)	データなし		データなし	
2019年	2019/8/8 13:40	26.953	2019/8/16 14:30	24.019
2020年	2020/8/29 14:00	28.281	2020/8/26 18:40	23.842

【表2】2018年から2021年までの広田湾での最低水温一覧（地区別と水深別）

	両替1m		両替6m		大陽1m		大陽8m	
	記録日	水温	記録日	水温	記録日	水温	記録日	水温
2018年(9月25日観測開始)	データなし		データなし		データなし		データなし	
2019年	2019/3/25 6:15	4.464	2019/3/23 11:10	4.270	2019/2/16 13:30	3.764	2019/3/18 18:40	2.779
2020年	2020/2/10 7:00	5.269	2020/2/11 12:10	6.673	2020/2/28 3:30	7.345	2020/3/24 6:10	7.786

	気仙南1m		気仙南8m		長部1m		長部8m	
	記録日	水温	記録日	水温	記録日	水温	記録日	水温
2018年(9月25日観測開始)	データなし		データなし		データなし		データなし	
2019年	データなし		データなし		データなし		データなし	
2020年	2020/1/24 8:00	8.254	2020/3/25 18:20	7.868	2020/3/30 6:20	7.104	2020/3/21 15:40	7.959

	脇ノ沢1m		脇ノ沢8m	
	記録日	水温	記録日	水温
2018年(9月25日観測開始)	データなし		データなし	
2019年	データなし		データなし	
2020年	2020/2/28 0:50	7.293	2020/3/26 13:40	7.796

大陽地区　大陽地区は、両替に比較して広田湾の中心に位置し、水深も深く、海水の流れも比較的に速い（二〇一九年度広田湾・気仙川報告書参照）。水温は両替より低い。大陽地区では、一m地点で二〇一九年は二月ごろ九℃程度であり、そこから急速に五℃程度まで低下したが、二〇二〇

年においては、水温の低下が非常に緩やかでゆっくり進行し、八℃程度（瞬間七・五℃）で水温の低下が止まった。この差は三℃から四℃であり、大変に大きな変化である。最高水温に関しては二〇一九年（八月八日）で一mでは二六・七℃が二〇二〇年（八月二九日）では二七・四℃であった。〇・七℃の上昇である（図6）。二〇一九年（三月二四日）に八mの地点では四・一五℃まで低下したが、二〇二〇年三月下旬は八℃以下に低下しない。最低水温が一年間で、四℃上昇した（図10）。

長部地区　長部一mの水深では、二〇二〇年二月二日九・三℃で記録が開始され三月三〇日に七・一℃が記録された。その後は徐々に水温が上昇した。最高水温で比較すると二〇一九年（八月七日）二六・六℃が、二〇二〇年（八月二九日）では二七・七℃で一・一℃上昇している。長部の八mでは二〇一九年は二七・八℃で二〇二〇年は二七・七℃でほぼ同水温であった（図8）。

気仙町南地区　気仙町南地区（気仙川の河口）の水温は最高水温が水深一mで二六・一℃が二七・七℃（二〇二〇年）である。一年間で一・六℃も上昇した。同地点での水深八mでは二〇一九年（九月三〇日）二三・七℃が二〇二〇年（八月三〇日）に二三・八℃となりほとんど変化がなかった（図7）。

脇ノ沢地区　脇ノ沢地区の一mの最高水温は二〇一九年（八月八日）の二七・〇℃が二〇二〇年（八月二九日）では、二八・三℃に上昇し、一・三℃の上昇であった。しかし、八mの水深では二〇一九年（八月一六日）の二四・〇℃が二〇二〇年（八月二六日）二三・八℃であり、ほとんど変化がみられなかった。一方、八m水深の最低水温が二〇二〇年三月下旬の八℃であり、広田湾の他の地区と変わらない（図8）。

②ＤＯ（溶存酸素量）

ＤＯは正常に生物が生育するレベルである八mg／ℓ以上あるとされるが、通常の環境では、このレベルまで下がることはない。広田湾での計測値はこの値を常に超える。高田松原の潜堤付近の水深が三～四ｍで八～七mg／ℓ程度に低下する。一方、外洋の広田湾の広田漁港や真崎付近では、一〇mg／ℓに達する。

気仙川の河川内は、村上道慶石碑付近とさけます捕獲採卵場と旧気仙中学校付近でも九mg／ℓ程度の値を示す。

古川沼の中央の沼底付近で三・四二mg／ℓの酸欠の水域があった（二〇二〇年七月二〇日一六時〇〇分）。また、広田湾では硫化水素が発生する一部の海底・底質では、酸素が欠乏していると考えられる。

③クロロフィル量

クロロフィル量の計測の調査は、コロナ感染症による緊急事態宣言の発出があったが、二〇二〇年六月から は精力的に行い、広く広田湾の栄養状況を観測した。特に気仙川からの栄養の流入状況が観察できる気仙南漁場と栄養状態が優れている両替と三日市干拓地前を観測した。また、カキの養殖筏とはえ縄の敷設場で、養殖カキの成長とその海域の栄養分布との関係の観察・分析も試みた。

二〇一九年一二月一日にクロロフィル量は〇・一μg／ℓを記録したが、二〇二〇年一二月では、計測値は上昇した。

他地区でのクロロフィル量の状況

広島湾は一九八〇年代に比べて、太田川河口の付近を中心に能美島、江田島と厳島方面の海域を含め広島湾全体でクロロフィル量が半分程度まで減少している。河口域では一九八〇年代の一四mg／ℓが最近二〇二〇年では七mg／ℓに減少した。

駿河湾は最近、〇・二〜〇・三μg／ℓで極めて低い値（一般社団法人生態系総合研究所二〇二〇年一〇月三一日と一一月一日の調査結果）であるが、カキ養殖施設がなくて、低い値である。

岩手県や他の公的機関による広田湾でのクロロフィル量の計測値はないが、傾向は大船渡湾に類似するとみられる。大船渡湾ではクロロフィル量の上限値は四〇μg／ℓで下限値は一〇μg／ℓである。二〇〇六年の上限値は二〇μg／ℓで下限値は五μg／ℓである。二〇一四年では上限値は示されず下限値は六μg／ℓ（上記論文の図2）と読める。このことから、大船渡湾のクロロフィル量は最近四〇年間で大幅に低下しているとみられる。特に震災後は低位水準でクロロフィル量が推移している可能性がある

（注）古土井（国土交通省東北地方整備局釜石港湾事務所）の「大船渡湾の長期水質変動特性の把握」（一九八二年）からの大船渡湾清水定点の調査データ。

二〇二〇年六月と八月のクロロフィル量の調査は水温を測定したすべての五地点に加えて、流向・流速を調査した気仙川河口域の三地点（気仙川河口、河口・長部漁港との中間点と長部漁港沖）と潜堤付近で計測し、さ

らには両替地区内二地点（一か所はデータを取得できず）プラス三日市干拓地前で計測した（図11）。

その結果、おおむね〇・五六μg／ℓから二・〇μg／ℓであった。しかし、一般に広島湾、九州の豊前海に比較するとクロロフィル量が低いと思われる。三〇～四〇年前に比べてクロロフィル量が減少している可能性がある。それは、流域の森林の植生や河川堤防の建設と沿岸域の生産性の高い湿地帯、砂州と干潟の人工的な工事による喪失が原因とみられる。三陸海岸では、これらの生産性の高い湿地帯、河口域と干潟など沿岸域の喪失が著しい。

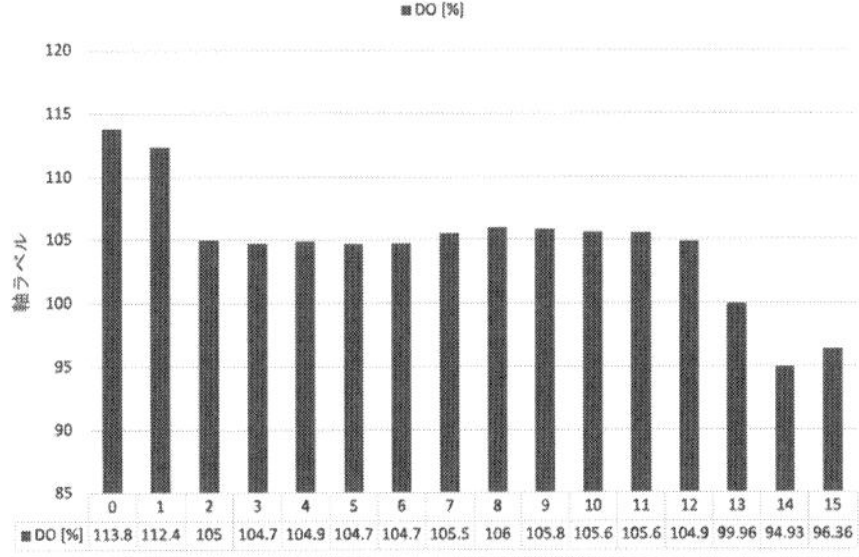

【図11】気仙南地区の水質分析結果

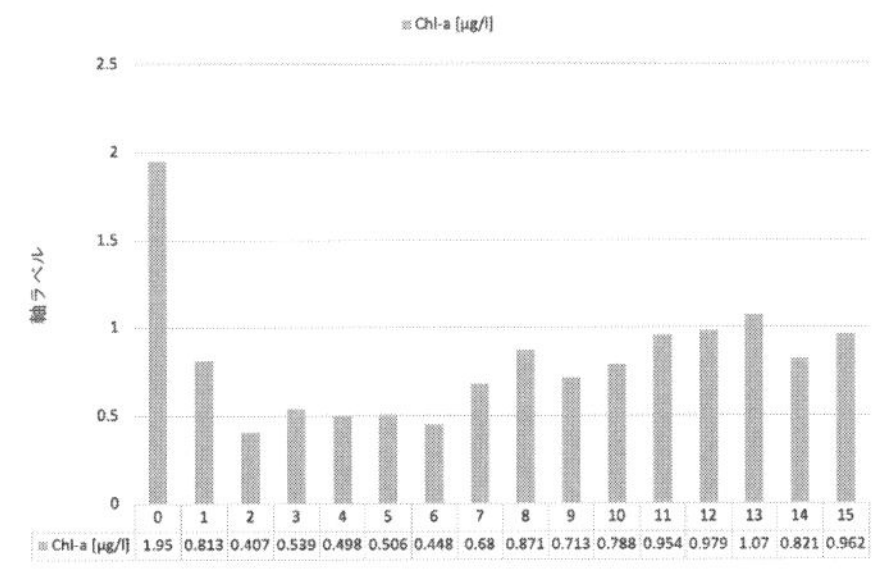

【図12】気仙南地点でのクロロフィル量
（2020年8月11日）

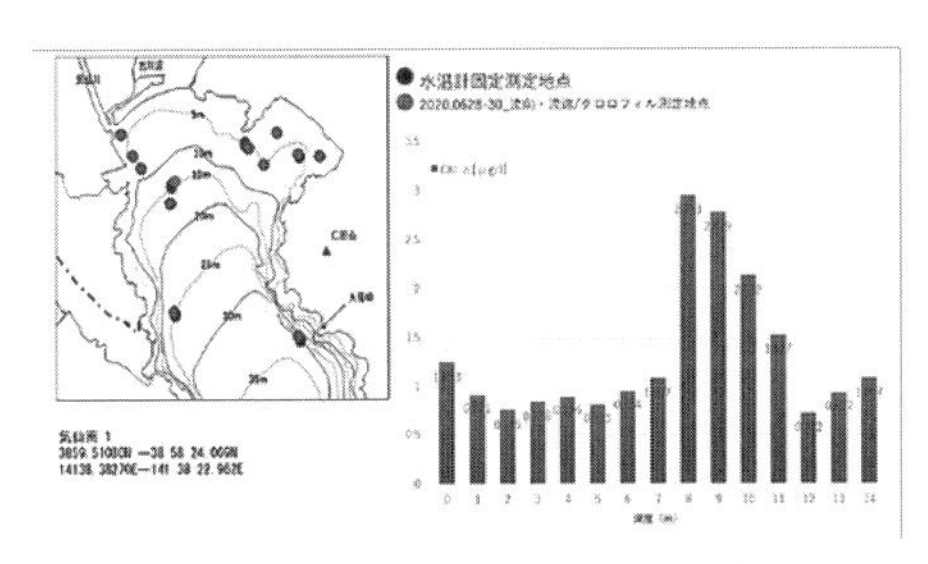

【図13】気仙南地区の水温計測地点と
クロロフィル量の分析結果

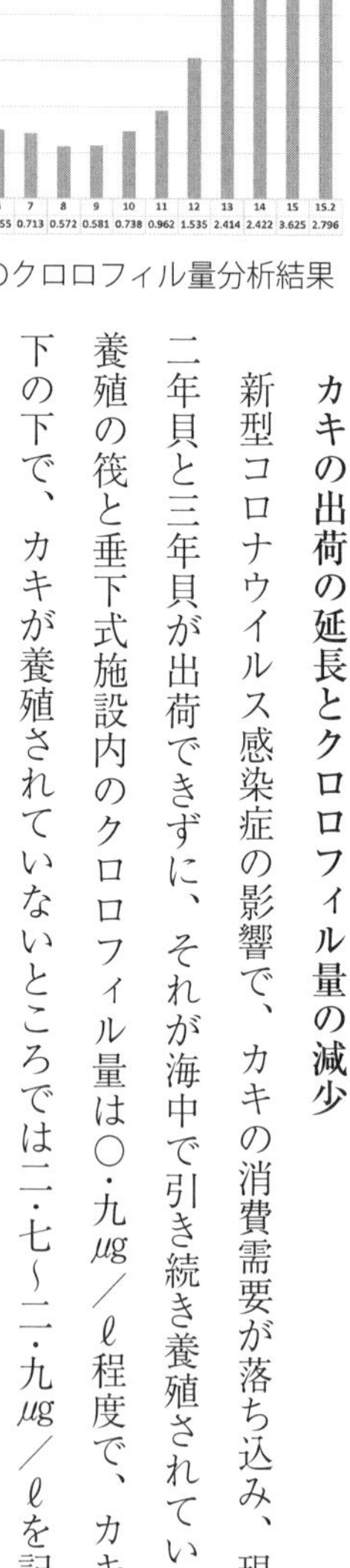

【図14】気仙南地区のクロロフィル量分析結果

カキの出荷の延長とクロロフィル量の減少

新型コロナウイルス感染症の影響で、カキの消費需要が落ち込み、現在は二年貝と三年貝が出荷できずに、それが海中で引き続き養殖されているが、養殖の筏と垂下式施設内のクロロフィル量は〇・九㎍／ℓ程度で、カキの垂下の下で、カキが養殖されていないところでは二・七〜二・九㎍／ℓを記録した。

養殖の付近ではクロロフィル量がその周辺や垂下の下では二〜三倍が観察された。成貝で出荷待機中に、クロロフィルを消化しているとみられる。

これらの養殖の施設内ではクロロフィル量はさらに低下した。〇・四五〜〇・八一㎍／ℓで中心は〇・五㎍／ℓであり、この時期にも殻付き出荷目的でカキの出荷を延期し、その間の待機中にえさを消費しクロロフィル量を四〇％近く減少させている。両替地区では他地区より多めであり、大陽地区は〇・三九㎍／ℓで低め、他の地区は一・〇㎍／ℓを上回っている（図12）。

表面から水深四ｍまでは、クロロフィル量が六月下旬と八月一一日に比較して八月二四日では大幅に増加回復してきた。これは同時期に実施した気仙川内のクロロフィル量と水量・流量の測定と試算から判明したが、八月二四日以前の長雨で、降水量が多く気仙川の水量とクロロフィル量の栄養が多かったことによるものである。また、お盆の殻付きガキの出荷を終了し、カキの養殖量が減少したためと考えられる。しかし、五～八ｍの海域・海中ではクロロフィル量は低いままで変化がない（図11～14）。

イシカゲ貝の漁場

イシカゲ貝の漁場に関しても気仙南の漁場の傾向と特質と同じことが当てはまる。またイシカゲ貝は、カキに比べて高水温に敏感であり、この点にも注意するべきである（図15、16）。

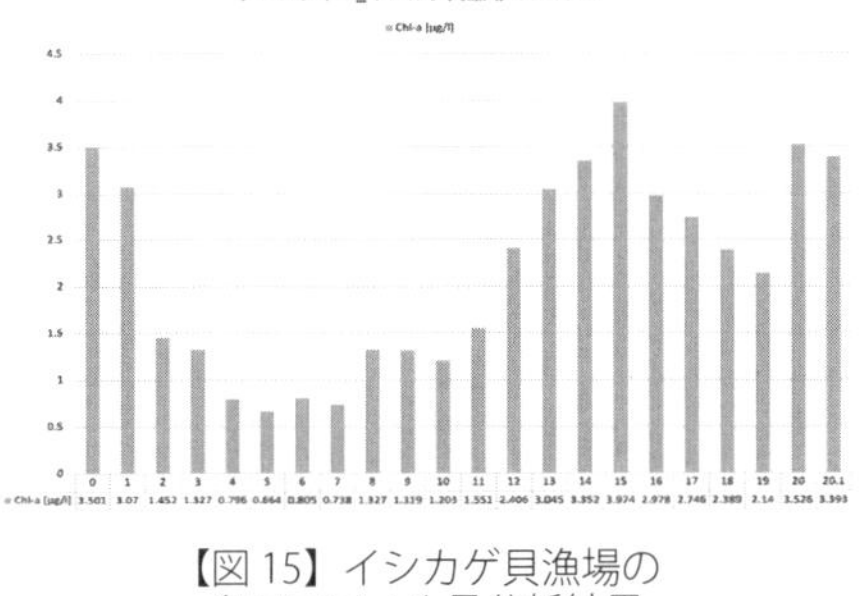

【図15】イシカゲ貝漁場の
クロロフィル量分析結果

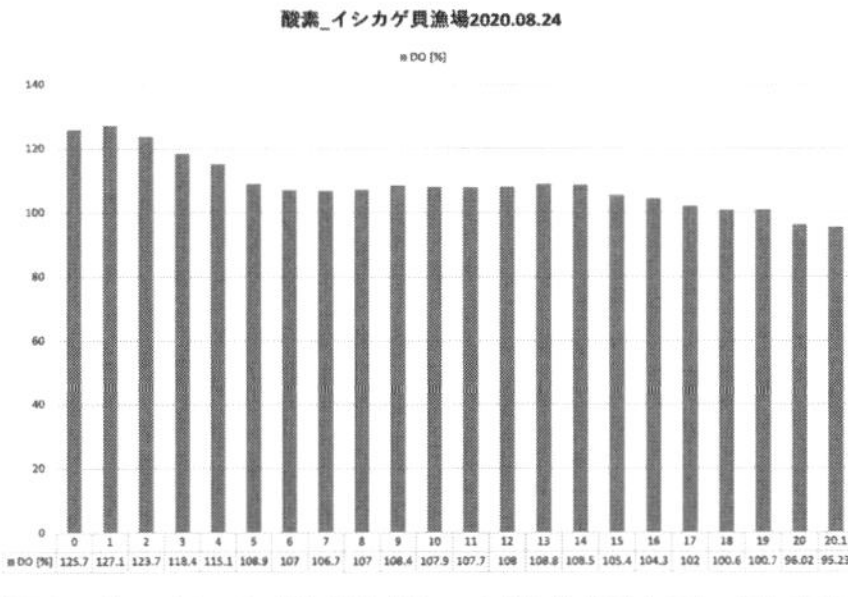

【図16】イシカゲ貝漁場の水質分析結果：酸素量

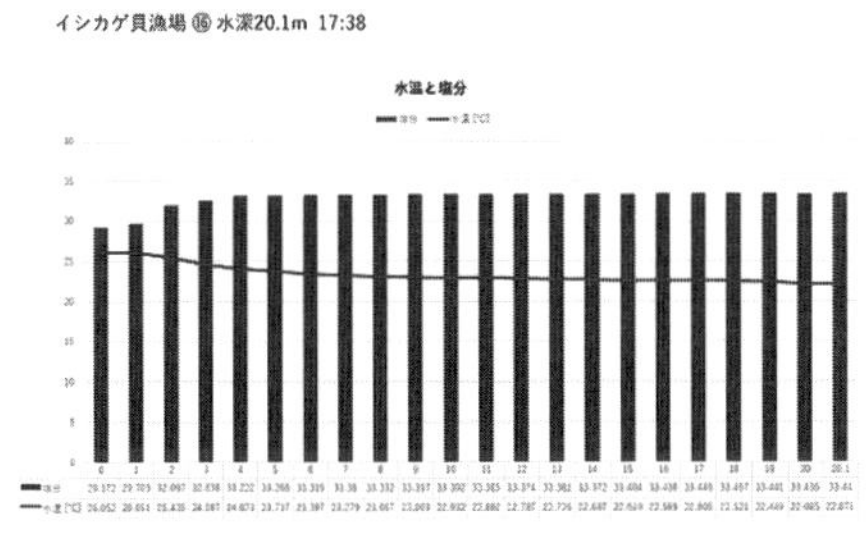

【図17】イシカゲ貝の漁場での水温の水深別の
変化（2020年8月24日午後）

上記のように水深二mまでは二五℃以上であるが三m以深では二四℃台に低下する。イシカゲ貝は二五℃を超えると致死率が上昇したり、成長が緩やかになるといわれている（図17）。

両替地区は、広田湾でも栄養状態が良好な場所で、品質の良いカキが生産されることで築地・豊洲市場でも広く知られる。日本一であるとの声もある（中央魚類（株）・東都水産（株）関係者）。上記のクロロフィル量を見ても、表面のクロロフィル量も、低下した水深でもクロロフィル量はほとんど一定である。またその値も一・七〜一・八μg／ℓで非常に安定している。また、四m以深は所により、また、この付近の東よりの三日

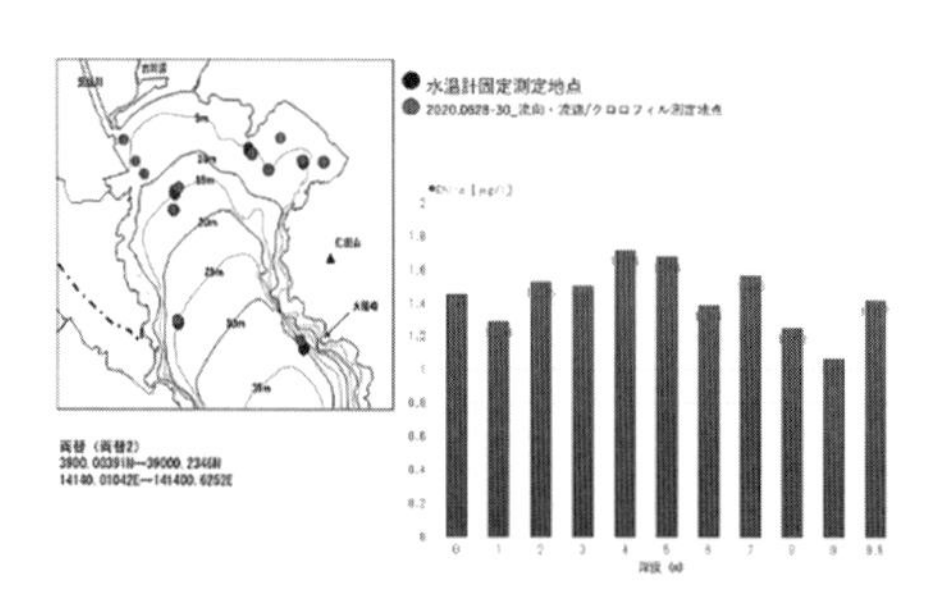

【図 18】両替地区の水温計測地点と
クロロフィル量の分析結果

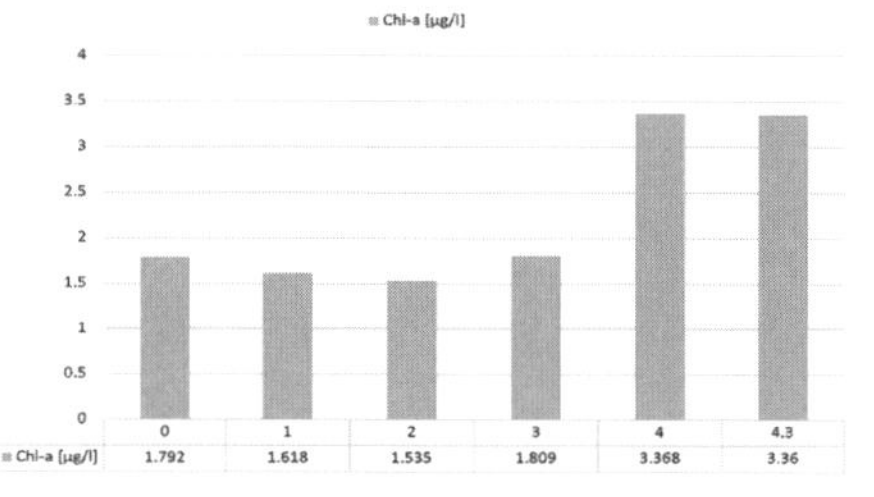

【図 19】両替地区のクロロフィル量の分析結果

酸素 2020.08.24_両替・米崎

DO [%]

	0	1	2	3	4	4.3
DO [%]	113.258	119.731	123.533	112.344	101.828	97.934

【図 20】両替のほぼ同地点の溶存酸素（DO）
（2020 年 8 月 24 日）

市干拓地付近ではさらにクロロフィル量は増加して、三・五μg／ℓで非常に高い値を示している（図19・20）。大陽地区は、両替や気仙町南地区とは対照的にクロロフィル量は表面では低い。〇・三六～〇・五四μg／ℓで八mを超えると急激にクロロフィル量が増大した。一四mを超えると一・〇μg／ℓを超える。流向・流速の調査から一〇m以深は別途の海層を形成し、一〇m以深のクロロフィル量は外洋から流入する海水がもたらす栄養と推量される（図21）。

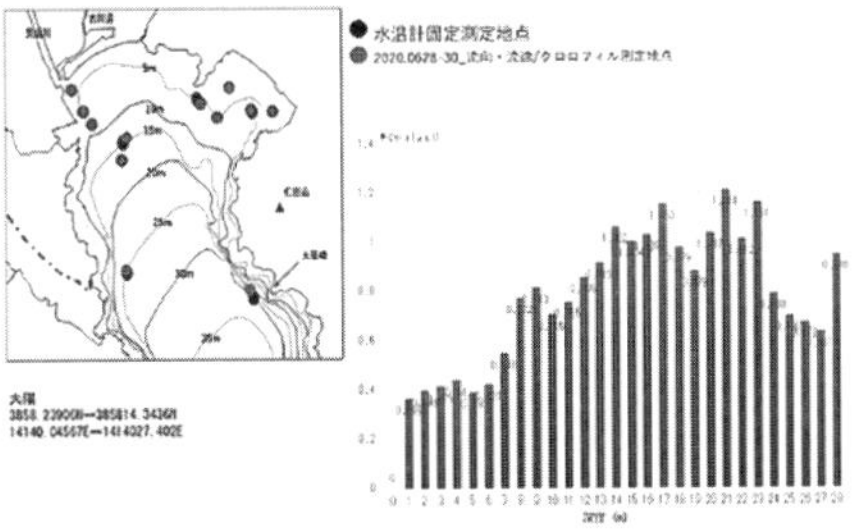

④広田湾でのクロロフィル量状態

【図21】大陽地区の水温計測地点とクロロフィル量の分析結果

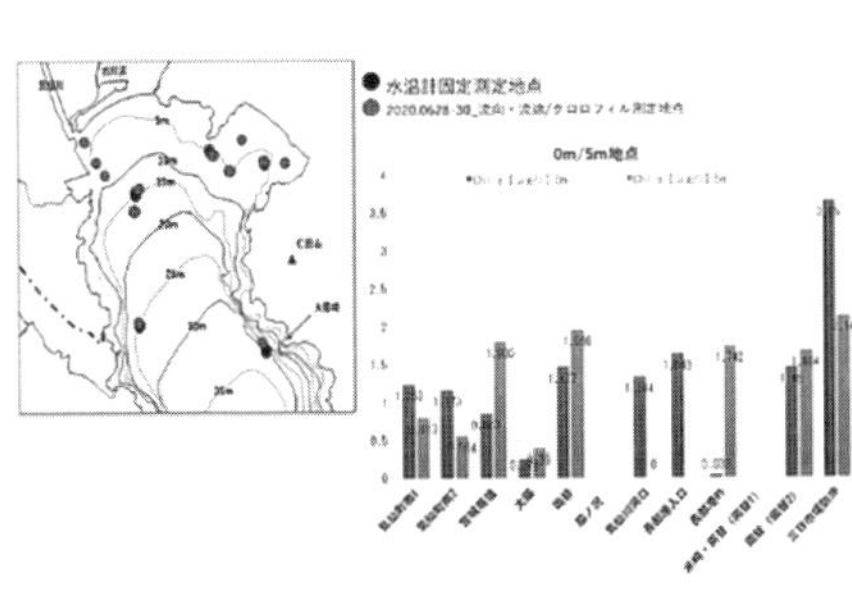

【図22】水温計測地点の分析比較

気仙川から流入するとみられる栄養・クロロフィル量は広田湾の各地域（計測値）に比べて高い。気仙川の河口域では二・五μg／ℓから七・〇μg／ℓであるが、これが広田湾の栄養の基本的な元になるものとみられる。これら栄養源が広田湾を気仙町南と長部地点を南下する。気仙町南の海域はカキ養殖のはえ縄が行われる場所ではクロロフィル量は低いが、直接の栄養分が流れ込んで、三μg／ℓ程度の栄養状態の海域を形成する（図23）。栄養状況が良好なのは両替と脇ノ沢地区であ

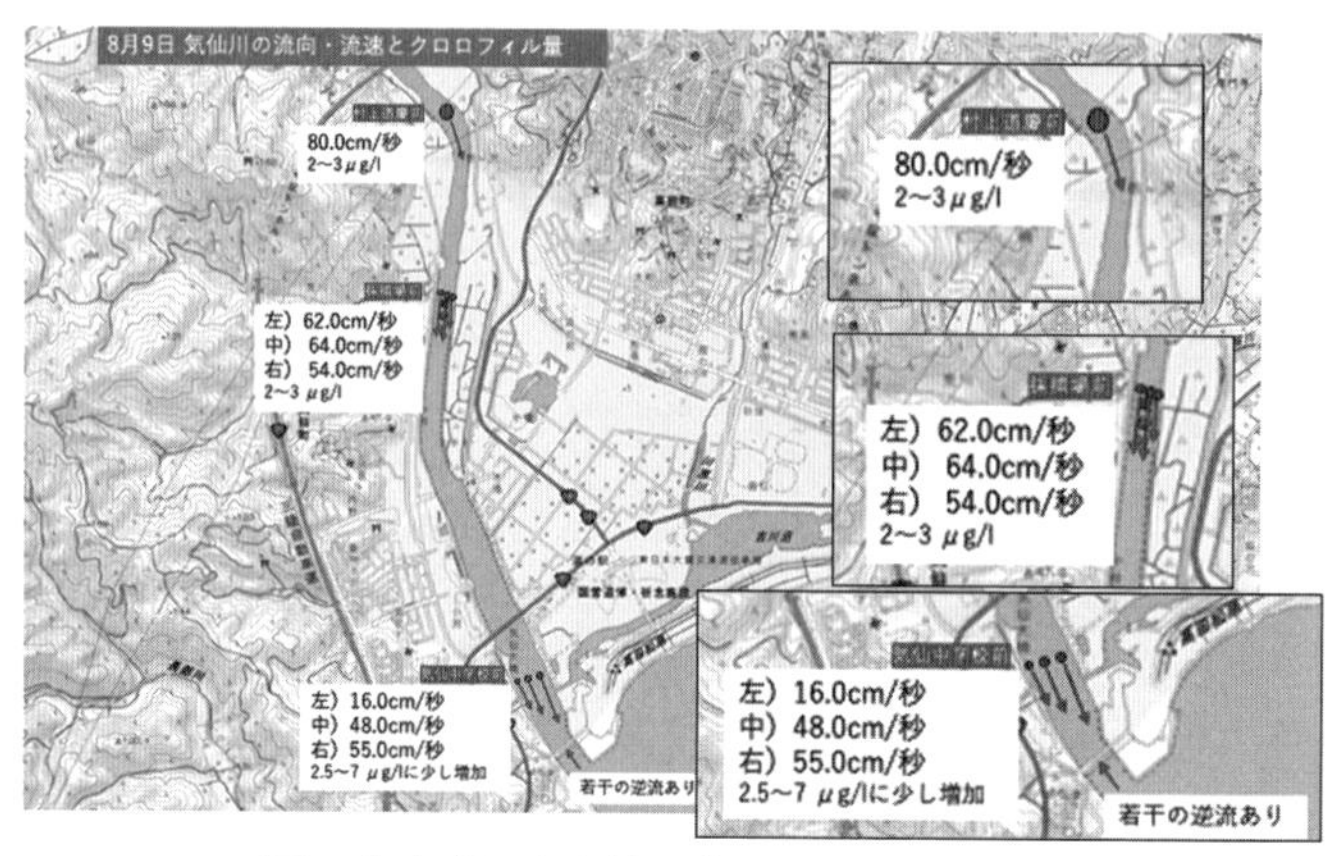

【図 23】気仙川から流入するクロロフィル測定

り、一・八μg／ℓから三・〇μg／ℓである。気仙川からの流水は高田松原の岸沿いに米ヶ崎にぶつかるが、この間潜堤の両側を通り、その栄養状態はクロロフィル量で一～二μg／ℓである。流向から見ても強い海流が気仙川から両替にクロロフィルの栄養を運搬しながら流れているとはみられない。基本的には米ヶ崎の東側の両替湾の栄養は、その流向並びにクロロフィル量から判断して、独自の海洋環境を持っていると考えられる。それは三日市干潟の形成でもわかるし、付近の箱根山と広田半島の大森山からの地下流水と伏流水によって形成されると推測される。これらの地下水は、両替湾の干潟のベントス層の生物多様性と両替から勝木田までのアマモ場を形成し、動植物プランクトンの発生・育成場をも形成した。

⑤塩分

　気仙川の影響を受ける気仙川の河口域では極めて薄いが、広田湾の湾口域でも三〇‰であり、気仙川からの河川水の影響がある。一方で、水深が深まり、外洋に行くほど三陸沖の外洋水の流入による影響を受けて、ほぼ安定した三三‰の塩分濃度に高まる。両替湾も表面水は塩分濃度が三〇‰程度であり、陸水の影響は受けている。これは付近の小河川と農業用のクリークの淡水流入、伏流水と地下水からの流入水の影響で塩分濃度が減少する。高田松原の岸沿いは、二五〜三〇‰であり、気仙川の流入水の流れであると考えられる。古川沼からの地下水の浸透・流出水の影響が若干は推測されるが証明されていない。

(エ) 生物相、外来種（沿岸・養殖の付着物等）

広田湾は、天然の漁業資源と養殖生産物の宝庫である。そのほか、直接は漁業・養殖業の生産には寄与しないが、各種の魚介類と海藻類の宝庫である。更に、海鳥や沿岸域・海岸域には珍しい動植物が生息する。

天然の魚介類として、シロザケ、サクラマス、マサバ、ゴマサバ、マイワシ、ブリ（イナダ）、クロマグロ、カレイ、ヒラメ、アイナメ、ソイ、蝦夷アワビ、キタムラサキウニ、バフンウニ、アユ、石川シラウオ、シラウオ、コマタ貝、ウバガイ（北寄貝）マガキとエゾイシカゲ貝、ホタテ、アサリなどが生息する。

天然の海藻類は、ワカメ（南部ワカメ）が身厚で評価が高い。細目昆布と真昆布、アオサ、フ海苔、ノリとギバサ（アカモク）がある。

養殖魚介類は、マガキが圧倒的に多く、ホタテ、ホヤ、エゾイシカゲ貝と岩ガキが養殖の主たるものである。

養殖の海藻類は、ワカメと真昆布が主体であるが、真昆布は温暖化が進み、養殖が減少した。

外来種や養殖の付着物としては、ブダラク、細目昆布、ワカメ、アオサとフジツボ、ムール貝、マガキが多い。また、これらの養殖の付着物は小さな生態系を形成しており、カニやゴカイとエラコ類も多数付着する。また、ホタテ貝を死滅に追いやるのは、スポンジ状のホヤに似たザラボヤ類であり、これらは、養殖生産物の餌を大量に消費する。加えて、漁業・養殖業者を悩ますのは天然のマガキが産卵して、カキの貝殻に付着するカキとムール貝の幼生である。これらは繁殖力が大へんに強く、養殖カキの栄養を奪うので、八月から九月にかけて、七〇℃程度の熱湯に通して死滅させる「熱湯処理」を行っていたが最近では、年中作業

【写真 12】シロザケ

【写真 13】サクラマス

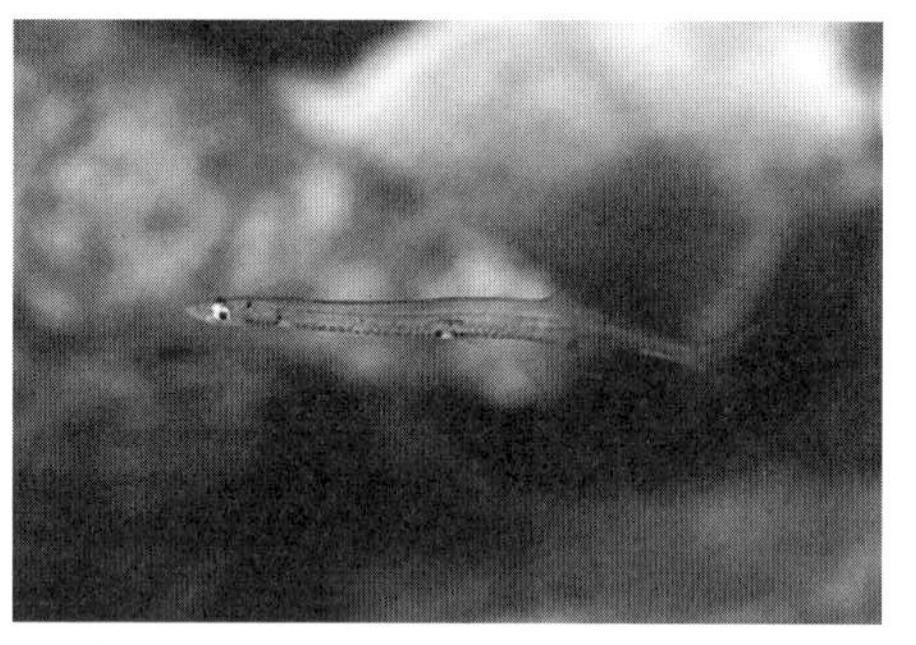
【写真 14】シラウオ（出典：ＷＥＢ魚図鑑）

【写真 18】ワカメ（2016 年 3 月）

【写真 19】カキロープに付着した
ムール貝（2018 年 1 月）

【写真 20】ホタテロープに付着した
ザラボヤ（2017 年 6 月）

【写真 15】マガキ

【写真 16】ホヤ

【写真 17】エゾイシカゲ貝

となっている。これを実施しないと身が入ったカキが養殖できない。しかし、一方で、この熱湯処理をした後の死滅したカキやムール貝の海底への投棄が、硫化水素の発生原因となっている。

幸いにも、現在までのところ、石巻湾付近でみられるカキの卵壊病は発生が確認されていない。

(オ) 養殖業を含む漁業に関する記録と現況に関する資料・情報収集と分析

最近の情勢

広田湾漁協の合併と成立

広田湾は漁業・養殖業の盛んなところであり、広田湾のカキとワカメは東京の築地市場並びにその後の豊洲市場でもその「広田湾のカキとワカメ」の名前は有名である。二〇〇四年(平成一六年)四月一日に広田湾を囲む五組合:気仙町、高田町、米崎町、小友町と広田町の漁業協同組合及び気仙町漁業協同組合が合併して、「広田湾漁業協同組合」が成立した。この結果、同組合の二〇一〇年(平成二二年度)の組合員数は、正組合員数が七三〇人、準組合員が七八六人の合計一、五一六人であった。二〇〇九年(平成二一年)度の総取扱高は一九・六億円でそのうちの八六%が養殖生産物で一六・八億円であった。

当時のカキ養殖業者は八三人で八・一億円、ホタテは六〇人で二・四億円、エゾイシカゲ貝は一二人で〇・九億円、ホヤが二八人で〇・三億円で、ワカメが九一人で二・三億円であった。広田湾の養殖業者は複合的に経営を営む(二〇一五年報告書五五頁)。しかし、全ての経営者が個人の経営で法人経営はない。このため共同

【写真 21】放卵後、大振りだがまだ身の入らないカキ（2020 年 9 月）

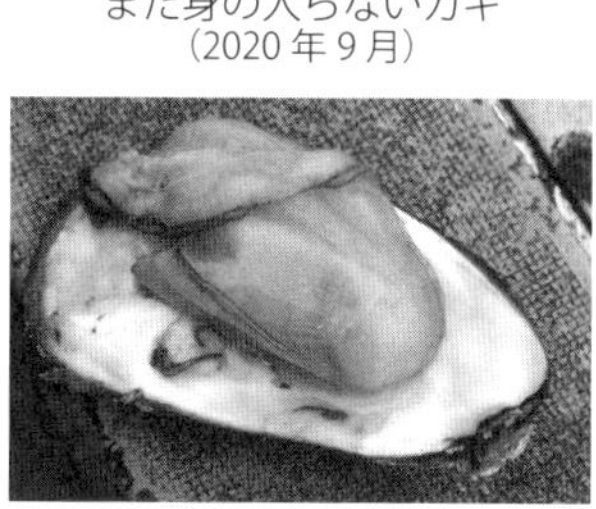

【写真 22】出荷 1 ヶ月前。身の入り方が遅くなりまだ水カキ状態（2020 年 9 月）

作業や共同の企画行動をとる機会がない。法人化が将来の課題である。

漁船漁業で大きいものは定置網漁業である。広田湾漁協が三つの大型定置を抱えるほか、二名が、広田町でそれぞれ一か統の定置網を経営する。小友町でも定置網漁業の経営者がいたが経営難から廃業した。大型定置網漁業の主たる漁獲物は、古くはクロマグロで近年はサケであったが、双方とも現在では不漁である。特にサケはここ一〇年以上不漁が続き、大型定置網での漁獲が少なく、また気仙川への回帰も極端に少なくなった。最近の定置網漁業での漁獲物は、マサバとマイワシとブリ類となっている。

二〇一九年の状況

広田湾漁協の正組合員数は二〇一九年度末で四九九人、二〇一一年の七一一人からは二三九人・三二%の減少である。この間、準組合員も七九四人から七三七人に減少した。

主な養殖施設数は、カキ一二七一・五台（二〇一一年）が九七四台（二〇一九年）に二九七台二三%減少した。ホタテ貝養殖は六一三台（二〇一一年）が二七六台（二〇一九年）に三三七台五五%減少した。ワカメ養殖は九九二・五台（二〇一一年）が四五三台（二〇一九年）に五〇九台四五・六%減少した。合計では一、八八四・五台

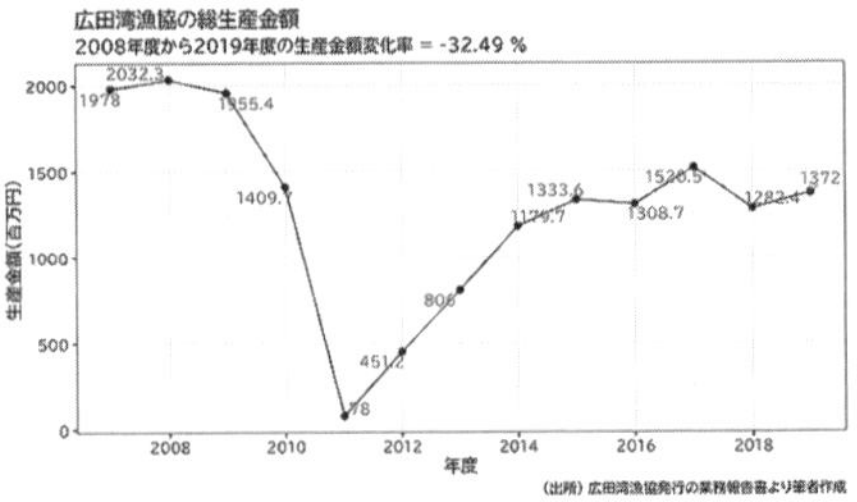

【図24】広田湾漁業協同組合生産金額推移

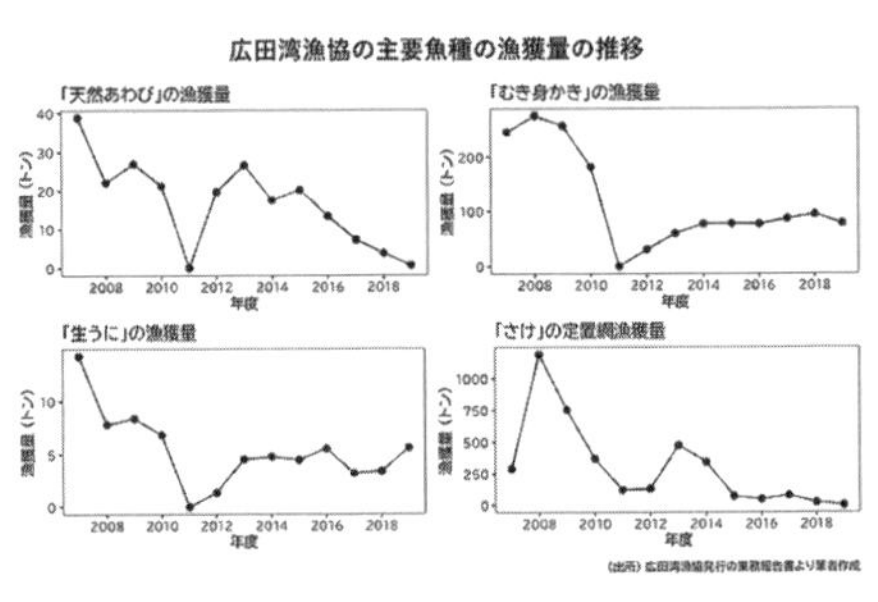

【図25】広田湾漁業協同組合
主要魚種の漁獲推移

が一二五〇台になった。問題はこれで養殖の能力・生産力がどのくらい減少したのか。変化したのかがポイントである。

魚種別の漁獲量と養殖量をみると、殻付きのカキの生産が大幅に伸びている。四、二一六トン（二〇一八年）から四、九二七トン（二〇一九）で金額でも、四億三三三万円（二〇一八年）から四億七、〇九〇万円（二〇一九年）である。一方で、剥きガキやイシカゲ貝は減少している。イシカゲ貝は四四トン、一億三、〇〇〇万円で、前年の五三トン、一億四、九〇〇万円から、大幅に減少している。合計では、一三億七、一九六万円で、前年は一二億八、二三九万円であった。昨年は、定置網漁業が三億二、四〇〇万円であったが、二〇一八年は三億一、一七〇万円であった。サケの漁獲が大幅に減少したが、サバとイナダが大幅な増加となった（図24）。

一方、気仙川に回帰するサケの量はピークには九万尾あったが、二〇一九年は特別採捕量と親魚特別採捕量の双方の合計で一五、三六八尾にとどまった。ピークのわずか一七%程度で、これに体長が小型化していることを勘案すれば重量は更に減少する。採卵数は一五、三八三千個で、稚魚放流が一三、五〇〇千尾であり、河川放流した。海中放流は一〇万尾であった。

孵化放流事業の大半の収入が、稚魚に対する岩手県さけ・ます増殖協会からの一尾当たり一・五円の助成金（放流手法改良分については三・二円）で、この収入が七五％を占める。支出は四億五、五〇〇万円で赤字である。

広田湾の漁業の現状と課題

二〇一九年（平成三一年）度から二〇二〇年（令和二年）度の広田湾漁業協同組合の事業

広田湾漁業協同組合は、マヒ性貝毒の発生、台風一九号の損害とサケの不漁によるサケふ化事業の落ち込み、アワビの開口の停止などの厳しい現実があった。一方で、石油類の売り上げの維持、購買事業と販売事業の安定から収入は順調に推移した。また、二〇一九年秋に開店した「道の駅直売店」が順調に売り上げを伸ばした。

二〇二〇年（令和二年）度以降の課題

著者の各方面からの聞き取りと科学データを勘案すると、次のような課題が見えてくる。①新型コロナウイルス感染症で、スーパーマーケット向けの販売は好調であるが、広田湾産が得意とする外食向け・業務用の販売、特にレストラン、居酒屋、ホテル並びに寿司店などの消費が低下している②広田湾の冬場と夏場の双方の海水温が上昇し年々、環境が悪化している。カキの身入りのためにマイナス要因③高田松原海岸の防潮堤と広田湾を囲む防潮堤が生物の生産基盤を損い、気仙川と干潟や海岸地帯からの流入水の量と質に変化がみられ、広田湾の栄養不足が促進される一方、海水温の低下をもたらすファクターが年々弱まっている。

天然の湿地帯であり、栄養源である古川沼の活用を図ることが必要である。具体的には古川沼と広田湾の水流と栄養の交流を図り、生産性を向上すること（二〇一二年諫早湾の開門調査結果参照）。また、小友浦は天然の干潟が形成されたものの、砕石・工事の残土・土砂の投入で、生物多様性の高い環境を失った。この自然生産に貢献する生態系の喪失の悪影響は早晩出てこよう。両替と脇ノ沢のカキ養殖の生産の維持と品質の向上には、これを長期的に、修復することが急がれる。

このような外的な問題のほかに養殖の筏の拡大と養殖業種の拡大（エゾイシカゲ貝と岩ガキ）、養殖期間の長期化（殻付きカキの出荷増大）が、広田湾の全体の栄養量で判断するべき環境収容力・生態系サービスの力すなわち養殖生産能力を超過している可能性が高い。この適正化（短期的には生産量を削減し、気候変動に強い養殖業にして、さらに魚価のアップで収入増とコストを削減し、収益性アップを図る）のための具体的な対応の検討が必要である。

特定区画漁業権（二〇一八年改正漁業法下での団体漁業権）**の設定状況（図26）**（二〇二〇年度四月一から）

第一種区画漁業権

第三三一号　根岬：ワカメ一六七か統

第三三二号　金入：ワカメ一五一か統、ホタテ貝垂下式二〇か統

第三三四号　大陽：昆布五か統、カキ垂下式一二二か統、ホタテ貝垂下式八八か統、エゾイシカゲ貝垂下式一七か統、ホヤ垂下式二九か統、エムシ垂下式三か統

第三三四号　小友浦：ワカメ四二か統、昆布一三か統、カキ垂下式二六七か統（五三四か統）、カキ垂下式一三か統、ホタテ貝垂下式一〇か統、エゾイシカゲ貝垂下式一四か統、ホヤ垂下式六四か統

第三三五号　米崎：カキ垂下式二三五（四七〇）か統、ホタテ貝垂下式五九か統、エゾイシカゲ貝九〇か統、ホヤ垂下式六二か統

【図 26】広田湾内の漁場設定状況

第三三六号　高田松原：カキ垂下式二八か統

第三三七号　長部：ワカメ五六か統、カキ垂下式二三三か統、エゾイシカゲ貝垂下式一一四か統、ホヤ垂下式一二か統、エムシ垂下式一三か統

合計　カキ八九八か統、エゾイシカゲガイ垂下式二三五か統、ホタテ貝垂下式

一七七か統、ホヤ垂下式一六二か統、ワカメ二四九か統＝一、七二一か統

このようにカキ養殖が広田湾の養殖の半数を占め基幹的な養殖業であることがわかる。

（参考）マヒ性と下痢性の貝毒

マヒ性の貝毒は、症状が神経性のマヒを引き起こし、しびれを引き起こし、最悪の場合、死に至る。三〇分程度で足や手に広がる。二四〜四八時間で回復するが、機能障害が残る場合がある。

下痢性の貝毒は、腸管の皮膚が壊死し、下痢、嘔吐や腹痛を引き起こす。予後は良好で死亡例はない。

マヒ性と下痢性の貝毒の発生は、震災後ほとんど毎年発生し、その期間も、発生の時期が早まり、かつ、長期化している。そのために、規制の対象となるホタテ貝、ムール貝やエゾイシカゲ貝とホヤの出荷が、禁止ないし、長期間出荷を控えさせられる。その経済的、環境的な被害は、貨幣価値に換算していないが、大きいと考えられる。出荷の期間が停止されれば、その間において広田湾で、クロロフィル量他の栄養を消費するのであるから、他の養殖生産物にとっても栄養の奪い合いが生じる。また出荷を予定できずに、販売による収入が期待できない。

岩手県の貝毒の発生海域は、宮古市以南の海域で、大槌、釜石と大船渡湾と広田湾を経て宮城県に連なる。そして、宮古以北の岩手県と青森県では発生がなく、北海道の噴火湾で、貝毒の発生がみられる。このことは、水温が影響するほかに、人為的な環境要因がその原因と推量される。すなわち何が噴火湾と岩手県の宮古以南と宮城県の牡鹿半島に共通するかを探ることが必要である。

マヒ性の貝毒は、通常海域の土中にシストとして、不活性化して存在し、春以降に時期が来て環境が適すると、発生する。アレキサンドリュウム・タマレンセとアレキサンドリュウム・シャトネラによって引き起こされる。また下痢性の貝毒は、ディノフィシス・フォルティ、ディノフィシス・アキュミナータによって引き起こされる。

現在のところ、その発生のメカニズムとその対処方法は明確には見つかっていない。それらの関係するプランクトンが自然に消滅するのを待つのみである。近年、発生の頻度と期間の長期化が著しいので、最近の人為的要因と環境の変化がその要因であると考えることが妥当と思われる。

一方、米国海洋大気庁（NOAA）の科学者は将来の海洋と気候のパターンをモデル化し、二一世紀末までに発生の時期が二か月早まり周期が一か月遅れることを予測した（二〇一一年二月AFP）。

広田湾海域におけるシミュレーションについて

(1) 流向・流速の計測・推定

本調査は、広田湾の現実の流向と流速を解明することが目的である。そのために必要な条件と情報を必要な文献調査による気象情報の収集を行った。合わせて、岩手県の最近の報告書での気仙川河口水門に関する広田湾シミュレーションや三日市干潟の造成（残土処理）に関するシミュレーションを参考とした。両者ともシミュレーション精度と正確性が必ずしも十分でない。本調査はカキ養殖への流向・流速とクロロフィル量の積算から総栄養状態を定性・定量的に推計することが目的であるので、実測値から現実に近い流向・流速をモデル図示化した。
ただ、本事業の予算の規模がシミュレーションを実施するには小規模すぎた。この代替として、海流の流れの予測とモデル図示化を行った。この方法がむしろカキなどの養殖業への影響を比較検討するに際しては、シミュレーションより結果的に有用であったと判断される（漁場海流図参照）。

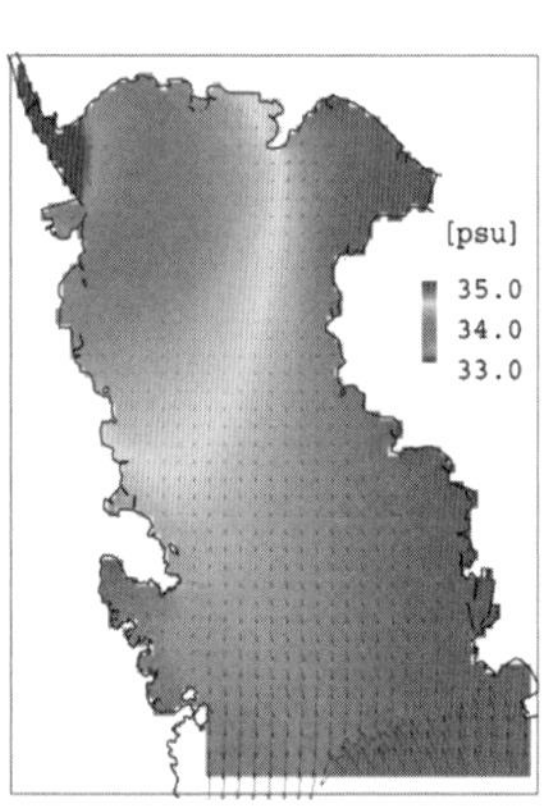

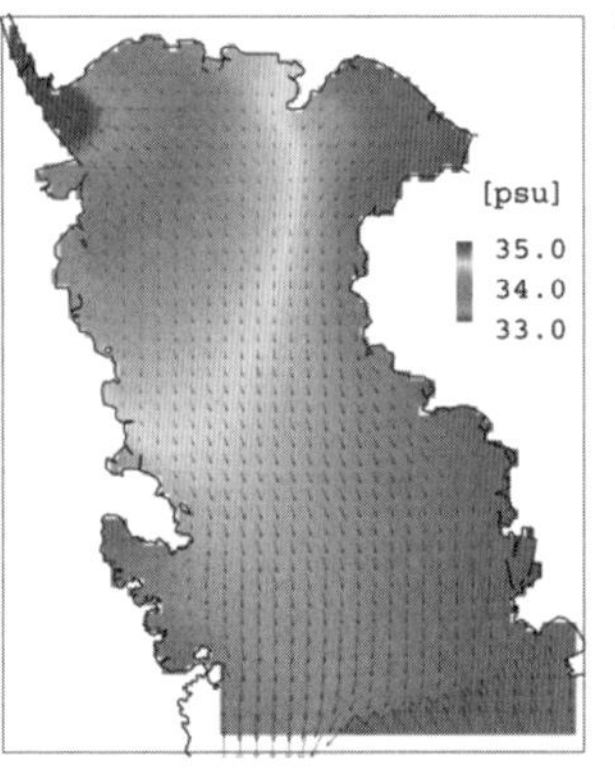

【図 27】表層流速ベクトル塩分計算結果　左は下げ潮、右は上げ潮　吉野真史＊・伊藤靖＊＊・千葉達＊＊＊「東日本大震災地盤沈下区域における干潟の再生と生物多様性の検討」より抜粋

(2) 必要情報整理

気温は海水温と海水層の形成に大きく影響を及ぼす要因である。水温が上昇すると海水表面層が発達し、海面階層と下の層との分離が起きる。これが海表面層と一〇m以深層との乖離が生じる一因である。

陸前高田市と住田町の最近の水温は日本の平均水温より上昇が著しい。過去四〇年間のデータをベースに、住田町の一〇〇年間の気温上昇二・三四℃は日本の平均の二・六八℃に比べて二〇％以上高めになっている。また気温のピークは二月が最低で八月が最高である。水温のピークは最低が三月二〇日頃で最高が八月二〇日過ぎであり、気温の最低と最高が水温の最高と最低と約一か月弱ずれることがわかる。

また、海水温はカキやホタテなどの養殖物の成長と生残に大きな影響を及ぼす重要な要因である。降水量は気仙川の分水嶺からの流量を把握するのに極めて重要である。また、季節ごとに降水量が変動し、夏には多く、冬には少ないが、これらの年変動も大きな要素である。降水量は八月が最も多く、一月から二月にかけて最も少ない。河川からの栄養分が入るとすると夏場が栄養の供給には適していることがわかる。植物や動物の活動や腐敗が活発に進行して、栄養塩の生産が潤沢であることが前提である。

風力は、夏場は海風の南東の風が多く、風力は弱い。一方で、冬は北西の季節風が強く、陸側から海側の広田湾の外洋に向く風になり、気仙川の流水の流れを促進するが、外洋からの水の流入には対立する。

気象観測データ

気象庁の地域気象観測所（アメダス）の「陸前高田」と「住田」における観測値を収集した。

広田湾の気象状況を把握するには陸前高田の観測データが最良であるが、この観測所は平成二三年六月から観測を開始した新しい臨時観測所であるため過去データの蓄積がない（また「臨時」であるため将来的には廃止される可能性もある。）。そこで、過去データが十分にありかつ陸前高田に出来るだけ近い気仙川流域の観測所として住田も選択した。なお、住田は観測開始が昭和五二年一〇月と過去四〇年のデータが存在する。

【表3】観測所諸元

観測所名	所在地	観測開始日	備考
住田	気仙郡住田町世田米字川向	1977年10月20日	
陸前高田	陸前高田市高田町字鳴石	2011年6月14日	臨時観測所

【表4】収集データ（住田）

項目	解析対象期間	備考
月平均気温	1978年01月～2017年12月	
月合計降水量	1978年01月～2017年12月	
月合計日照時間	1978年01月～2017年12月	1987年8月、2007年12月に不連続あり

【表5】収集データ（陸前高田）

項目	解析対象期間	備考
時別気温	2011年10月1日1時～2018年09月30日24時	

広田湾周辺気象の長期トレンドを確認するために住田を、短期間の変化をみるために陸前高田のデータを使用した。

1　広田湾周辺の気象状況と特徴

1－1　長期経年変化（トレンド）の状況

ここでは長期変化に着目し、住田観測所における各気象項目の四〇年にわたる月平均値について整理を行った。

1－2　月平均気温

①経年変化と季節変化

住田観測所における月平均気温の四〇年間の変化状況を図29に示す。月平均気温はおおよそマイナス四℃～二六℃の範囲で明瞭な季節変化を示しながら推移している様子がみられる。

平均的な気温の季節変化状況をみるために、この四〇年分の値を月別に平均した。その結果を図28に示す。

月ごとの平均値でみると、一月に最低、八月に最高となる季節変化となっている。各月の四〇年間での最大、最少の幅は五℃前後（四・四〜六・三℃）で、標準偏差は一・〇〜一・七℃と月によるばらつきや年によるばらつきは少なめである。

②気温のトレンド（年平均と月別）

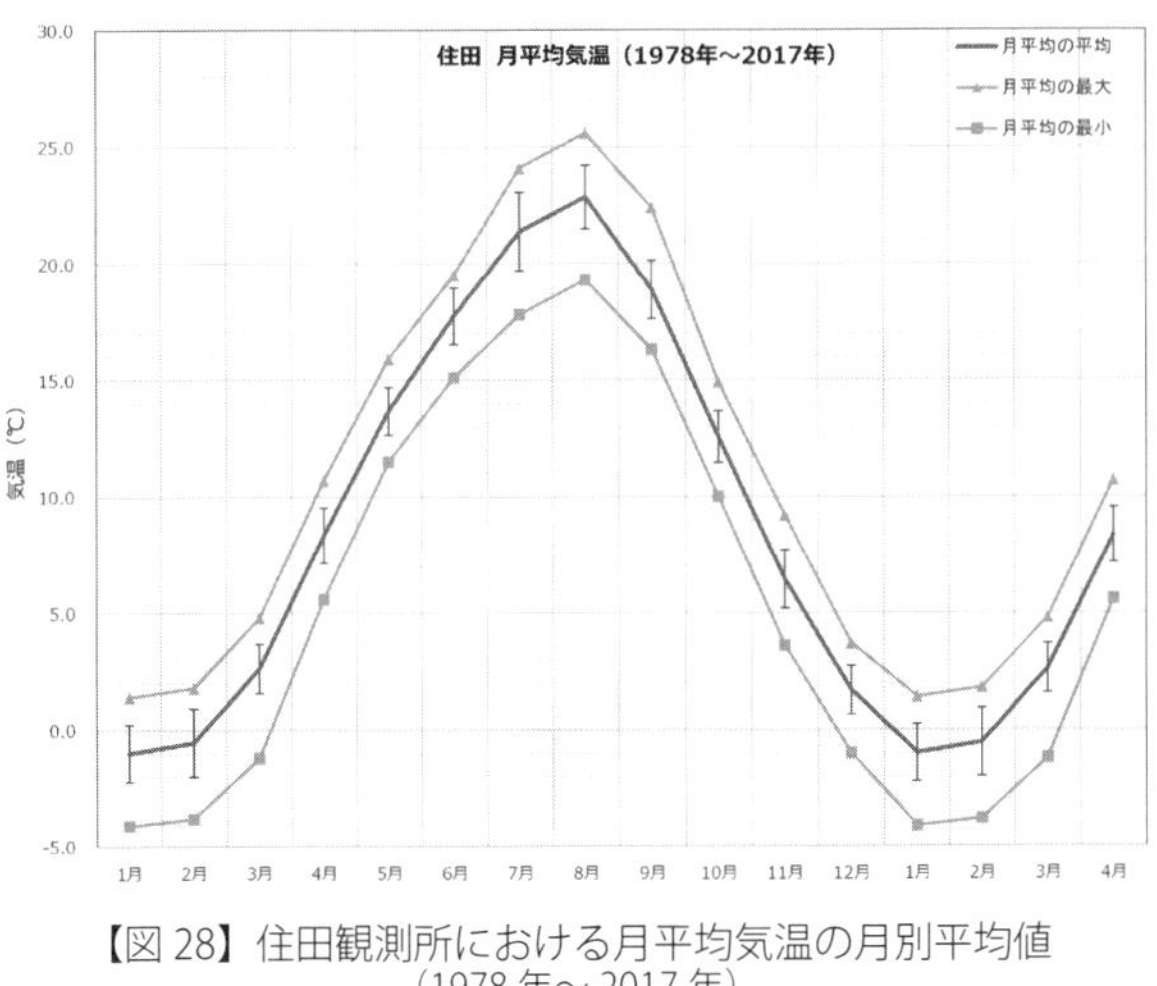

【図28】住田観測所における月平均気温の月別平均値（1978年〜2017年）

住田観測所における四〇年間の月平均気温データから年平均気温を求め、気温変化のトレンドを求めた。参考情報として気象庁ホームページに掲載されている日本平均（国内一五地点の平均）と併せて図29に示す。

過去四〇年における住田の気温変化は一〇〇年で三・三四℃の上昇で、日本平均の二・六八℃に比べて二割以上高めとなっている。なお、日本平均における過去一二〇年間での気温変化は一・一九℃／一〇〇年であり、近年の気温上昇が急であることを示している。

季節による気温の変化傾向をみるため、月別に月平均気温の経年変化状況とそのトレンドを求めた。図30に月別の気温のトレンドをまとめた。

一二月を除いてすべての月で気温は上昇傾向にあり、特に七

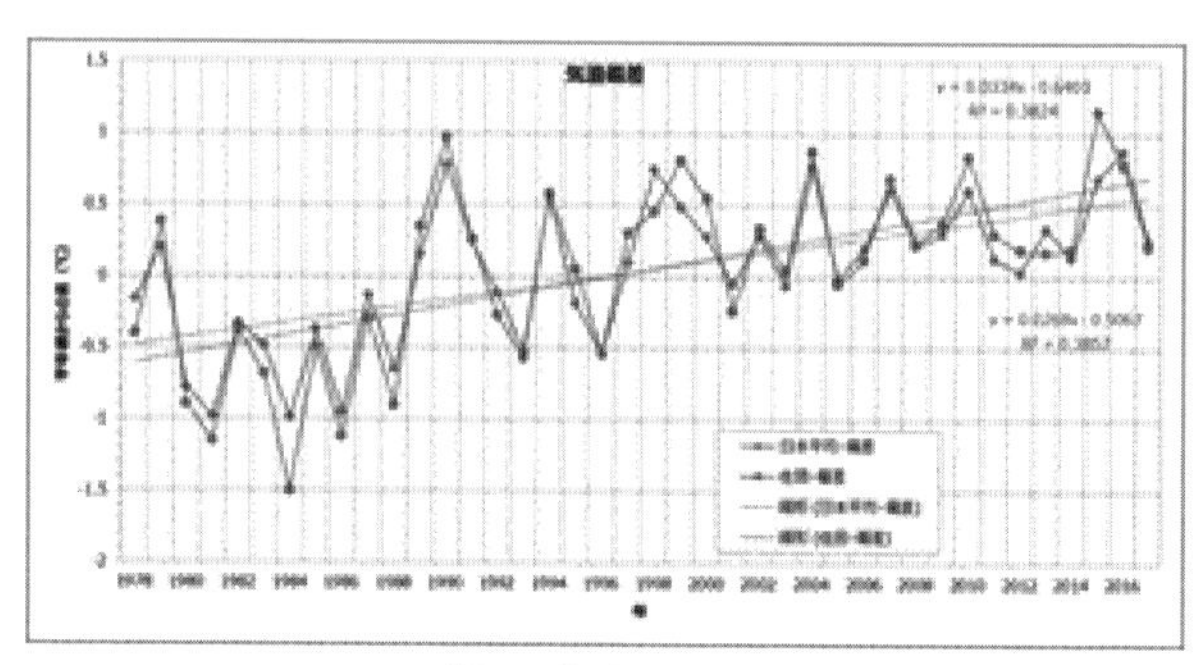

【図 29】気温偏差

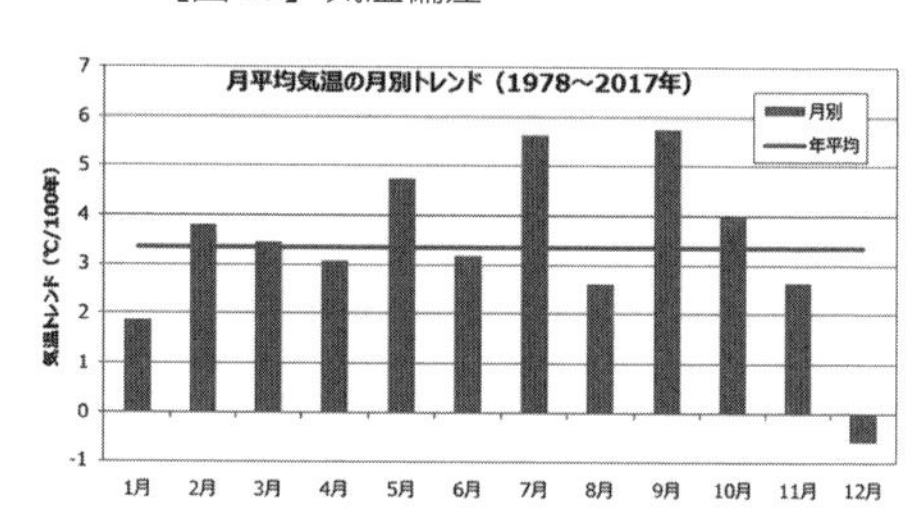

【図 30】住田観測所における
月平均気温の月別トレンド

【表 6】年平均気温のトレンド（℃／100 年）

地点	トレンド（℃／100 年）	備考（算出期間）
住田	3.34	1978 ～ 2017 年の 40 年間
日本平均	2.68	1978 ～ 2017 年の 40 年間
日本平均	1.19	1898 ～ 2017 年の 120 年間

※日本平均：国内一五地点（網走、根室、寿都、山形、石巻、伏木（高岡市）、飯田、銚子、境、浜田、彦根、宮崎、多度津、名瀬、石垣島）の平均。

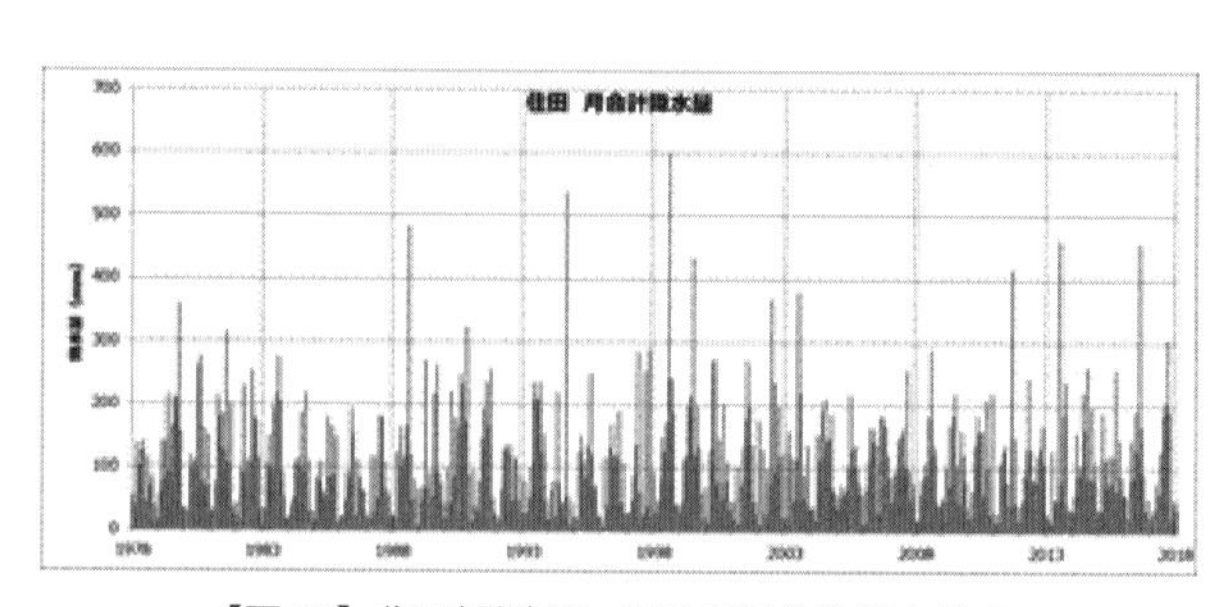

【図 31】住田観測所における月合計降水量の
経年変化（1978 年 1 月～ 2017 年 12 月）

月、九月は五℃以上／一〇〇年となっている。

1－3　月合計降水量

①経年変化と季節変化

住田観測所における月合計降水量の四〇年間の変化状況を図31に示す。降水量の多寡は年によって異なっているものの、基本的に夏季に多く冬季に少ないという季節変化を示しながら推移している様子がみられる。

降水量の平均的な季節変化状況をみるために、この四〇年分の値を月別に平均した。その結果を図32に示す。

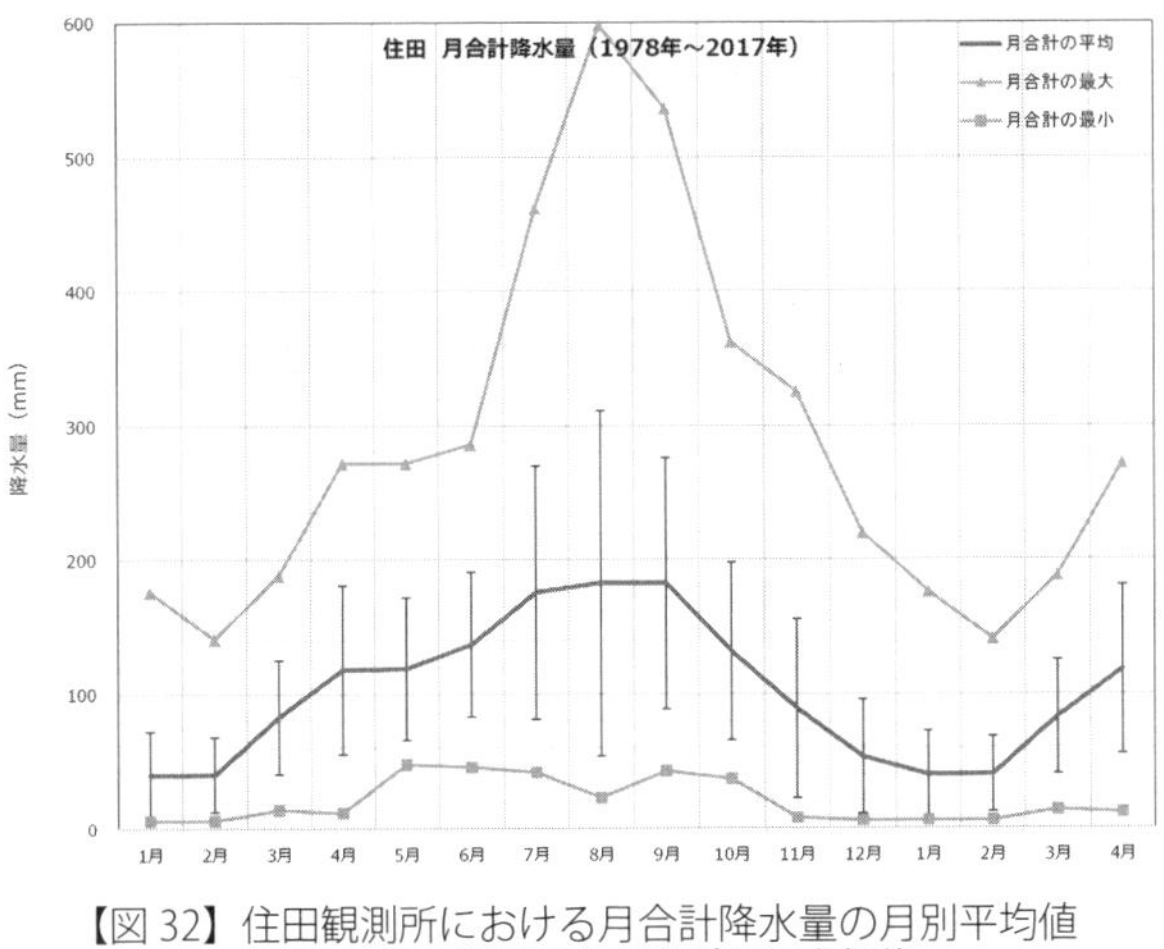

【図32】住田観測所における月合計降水量の月別平均値（1978八年～2017年）※縦線は標準偏差。

平均でみると一～二月が最少（四〇㎜程度）で、七～九月に最多（一八〇㎜程度）となる季節変化を示している。月ごとの降水量のばらつきは季節によって差がみられ、冬季が小さく（二月の最多最少差は一三五㎜、標準偏差二八㎜）、夏季が大きい（九月の最多最少差は五七五㎜、標準偏差一二九㎜）。基本的に降水量の多い時期とばらつきの大きい時期は一致している。夏季は平均的に降水量が多いというよりは、ほとんど降らない年がある一方で、非常に多く降る年があるために平均としては多くなるという状況にあるといえる。冬季は安定して雨が少なめである。

②降水量のトレンド（年平均と月別）

住田観測所における四〇年間の月合計降水量データから年合計降水量を求め、降水量の経年変化のトレンドを求めた。参考情報として気象庁ＨＰに掲載されている日本平均（国内五一地点の平均）と合わせて図33に示す。

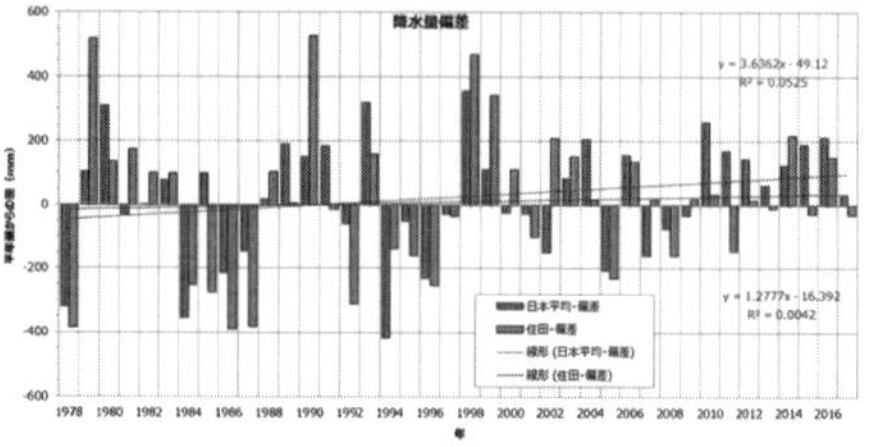

降水量は気温とは異なり、年によるばらつきが非常に大きいため（顕著な降水イベントの有無、その規模に左右される）、必ずしも線形回帰直線によるトレンドがベストとは言えないが、本調査では出来るだけ単純化された概略を知ることが目的であるため、あえて線形回帰によるトレンドを求めている。過去四〇年における住田の降水量変化は一〇〇年で一二八㎜の増加で、日本平均の三六四㎜に比べて三分の一程度と変化は小さい。

季節による降水量の変化傾向をみるため、月別に月合計降水量の経年変化状況とそのトレンドを求めた。図34に月ごとの降水量のトレンドをまとめた。なお、各月の図については資料編に示す。

【図33】過去40年の年合計降水量の偏差（平年値との差）とトレンド
※降水量の平年値：1,354mm（1981～2010年の平均。気象庁の算出値を使用）

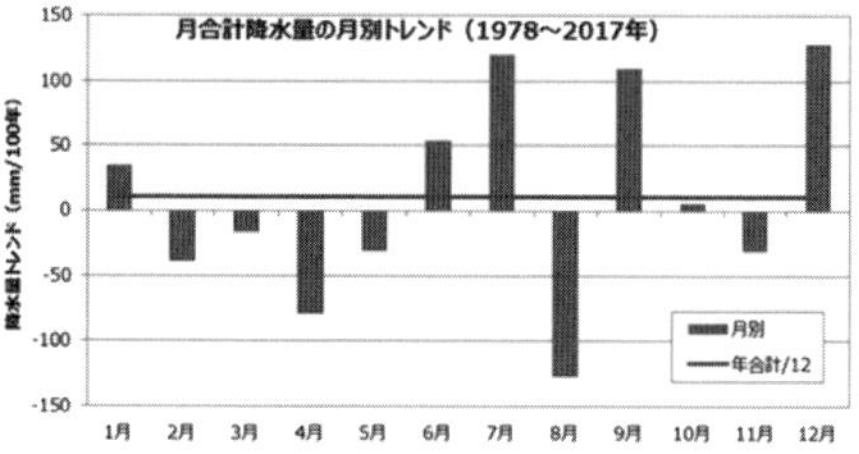

【図34】住田観測所における月合計降水量の月別トレンド

月別降水量トレンドは月によるばらつきが大きいため季節的な傾向ははっきりとはしないが、全体的には二月〜五月は減少傾向で六月〜一月は増加傾向（ただし八月は大きく減少傾向）である。

2　まとめと課題

広田湾・気仙川流域を代表する長期観測地点として気象庁アメダスの住田観測所を選定し、過去四〇年（一九七八年〜二〇一七年）にわたる気温、降水量、日照時間、風速の月別値（月平均値）を収集した。さらに、広田湾の流れに影響を与える風の特性を把握するため、直近の観測地点として陸前高田を選定し、直近七年間（二〇一一年一〇月〜二〇一八年九月）の気温、風速、風向の時別値（一時間毎の観測データ）を収集した。

収集した住田観測所の各項目について経年変化のトレンドを求めた。四つの項目（気温、降水量、日照時間、風速）全てについて増加する傾向がみられた。気温の上昇傾向については日本平均に比べて二割程度高めであった。季節によるトレンドの差については明確ではないが、気温、降水量、日照時間については夏季に、風速は冬季により増加する傾向があるように見えた。なお、降水量と日照時間は基本的に相反する特性を持つと考えられるにも係らず両者とも増加傾向がみられたことは、当地域における降水特性の変化を示唆している可能性がある。

収集した陸前高田観測所のデータについて日周期での変化状況を調べた。気温の日変化については、ベースとなる気温の高低を除いて特に季節的な差はみられなかった。風については夏季と冬季で風況がはっきりと異なっていた。冬季は一般風としての北西風が卓越しており、日周期での風向変化（海陸風）は小さい。その結果、基本的に一日を通じて湾口へ向かう風となっている。一方、夏季では一般風は弱いものの海陸風が卓越するため、日周期で風向が大きく変化している。その結果、夜間は陸風（北西風）、昼間は海風（南風）となっている。広田湾内の流れ（その結果としての湾内の水温塩分分布等）は夏季と冬季で全く異なることが考えられる。

住田と陸前高田の風は月平均レベルですら大きく異なっていた（気温はほぼ同じであった）。風には地域特性が強いため、広田湾上の風と陸前高田の風にもそれなりの違いがあると考えられる（※一般的に海上風は陸上風に比べて強い）。

(ア) 広田湾流

①導流提の影響

導流提は、漁業者の立場からは、気仙川の流向を変化させ、広田湾の栄養状態に変化をもたらすので、地区ごとの漁業者・養殖業者にとっては一大関心事であった。しかしながら、岩手県の導流提の目的と機能は漁業者の懸念とは全く異なる。すなわち、岩手県が計画した導流提は、建設された「気仙川の河口水門」が気仙川の上流や高田松原から運搬される砂に埋没しないことを目的とする建設である。「気仙川の水門」付近の地盤は地震ですでに五四cm陥没しており、ここに砂が蓄積されるためには五〇年以上（平均で一五四年）

を要するとの結論が導かれ、そのために、「高田松原からの砂が、再度河口に戻って蓄積されるのを防ぐ目的の従来的な導流提は必要がない」との結論に達したとのことである。

②潜堤と防潮堤の影響調査

高田松原の防潮堤の沖で、かつ、潜堤・人工リーフとの間の流向、流速の実測を行った。高田松原の防潮堤（松原海岸と第一線堤）並びに潜堤（人工リーフ）などの人工物の影響（流向と流速並びに塩分・クロロフィル量の栄養状態）については計測した。

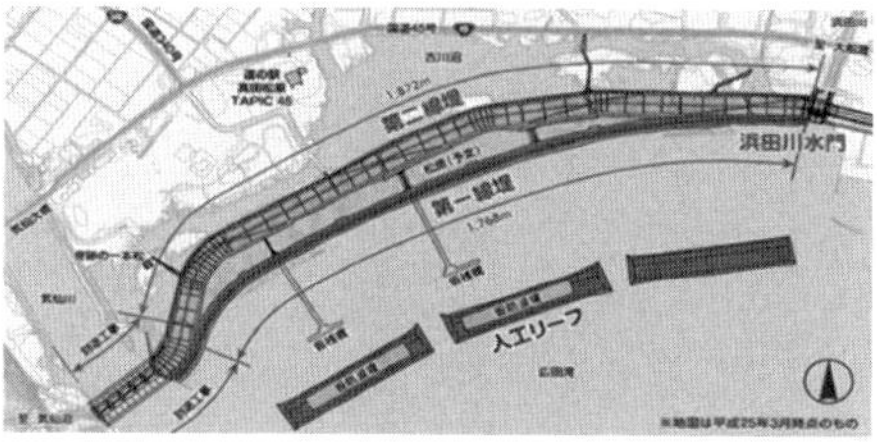

【図 35】資料提供：鹿島建設株式会社及び岩手県三陸土木センター

【図 36】下げ潮時の表面水 0.5m　8 月 24 日 9:00

下げ潮時　水深五〇cm

気仙川からの流水が高田松原沖の潜堤と高田松原海岸で影響を受けることが流向・流速の調査で明らかになった。

気仙川からの流水は下げ潮時には高田松原の方向から広田湾の中央部に南下する。流向と流速は潜堤によって影響を受ける。気仙川からの流れが、米ケ崎の方向に向く傾向は見当たらない（図36）。

上げ潮時

潜堤は海面から二・八m（要確認）に設置されているので、水深〇・五mの流向と流速は潜堤の影響を受けない

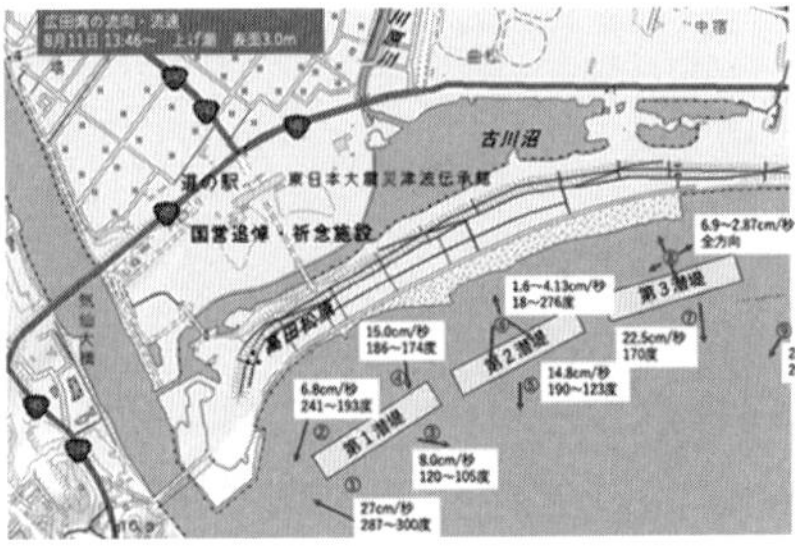

【図 37】上げ潮時の表面水 3m
8 月 11 日 13 時 46 分以降

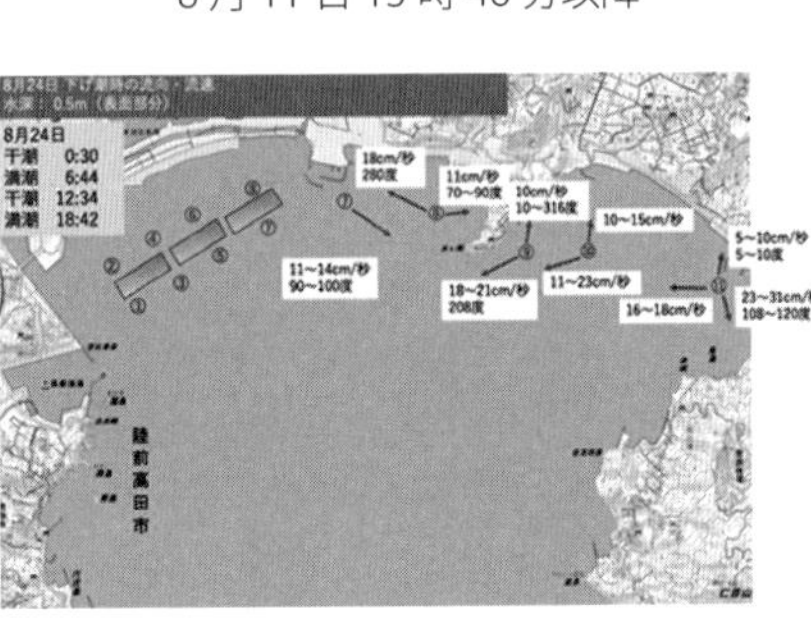

【図 38】上げ潮時の表面水 3m
8 月 24 日 9 時 00 分以降

と考えられる。しかしながら高田松原の海岸線の影響は受ける。上げ潮時であるが、流向をみると、潜堤の内側の流れも、外側もおおむね南向きの流れである。

流向は沿岸の海岸線へ反発したものとみられる。潜堤の内側で松原海岸との間では、流速は一四cm／秒から一八・五cm／秒であるのに対し、潜堤の外側では二〇cm／秒から二七・五cm／秒で、外側の方が一・三倍の流速である。

上げ潮時には外洋から北上した海流が、高田松原の沿岸にぶつかりその反発流として、南下流となるとみられる。その南下流は水深三mでは明らかに潜堤の影響を受けて、南下流が減速する。

また、塩分の濃度を観察すると、気仙川からの流水の影響がみられる（図37）。

両替湾と脇ノ沢地区での流向と流速は独特の傾向を示す。下げ潮時は、反時計周りの流向があり、加えて、北上海流が観察される。脇ノ沢では、米崎半島から離れて高田松原に近づくと、南下の海流となり、高田松原沖と同様の傾向を示す（図38）。

広田湾口での流向と流速

広田半島泊の観音崎から宮城県唐桑半島の真崎半島の突端まで横にラインを引き、そのライン上の三点で流向と流速を測定した。

上げ潮時（八月二四日一六時四〇分以降）

上げ潮時には、表面の〇・五mでは、一様に広田湾の湾奥に、海流が向かう。その流速も一様で、一五cm／秒～二〇cm／秒である。早くも遅くもない流速である。しかし、これが一〇m水深では、流向が東から西に、広田半島側から、真崎半島・唐桑半島に向かう。そして流速も一六cm／秒から、一二cm／秒となり、さらに八cm／秒となり流速が減退する。この時の気仙南の流向は表面と一〇mの水深のいずれもが、北西の方角を向いており、七～一〇cm／秒の流速である。表面は気仙川の流水の影響を受ける（図39・40）。

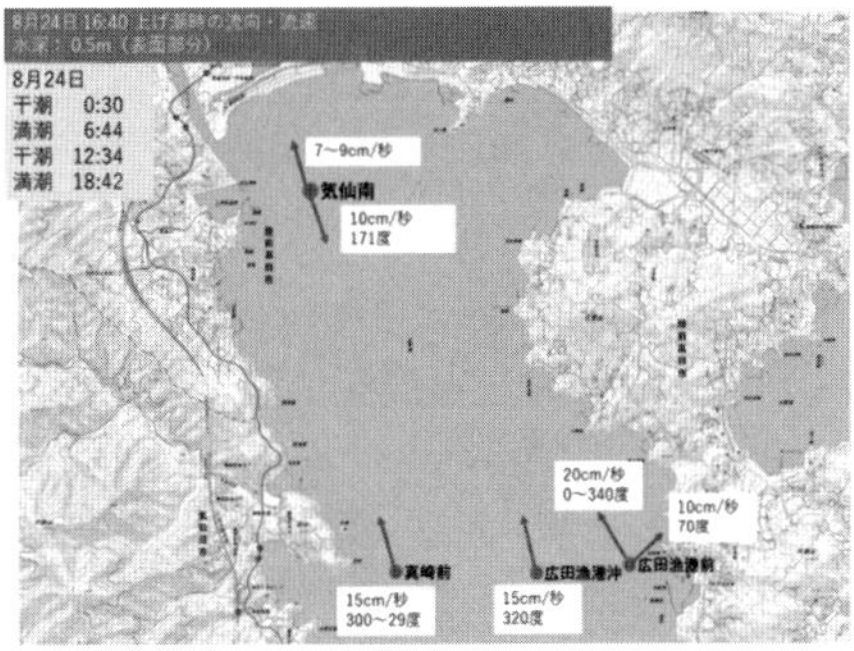

【図 39】上げ潮時の水深 0.5m
8 月 24 日 16 時 40 分以降

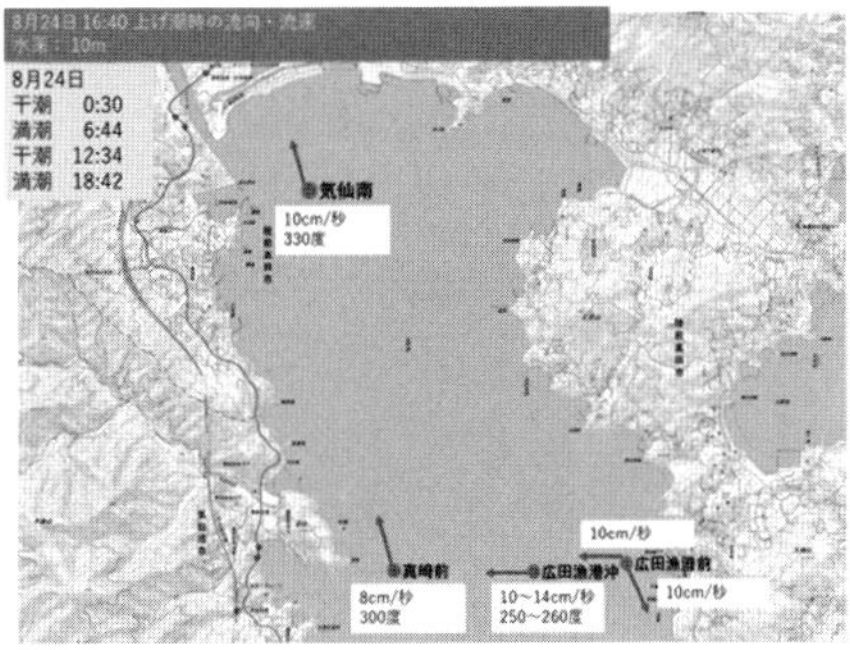

【図 40】上げ潮時の水深 10m
8 月 24 日 16 時 40 分以降

【図41】水深0.5mの上げ潮と
下げ潮時の流向・流速

【図42】水深10mの上げ潮と
下げ潮時の流向・流速

下げ潮時（八月一一日）

下げ潮時の流向も表面では、広田湾の湾口から、湾奥に向けて海流が流れている。それも上げ潮時の海流・流速よりも早い。中央部と真崎半島付近は二～三倍程度の流速である。広田半島の観音崎では流速が減退し一〇cm／秒であり、半分の速度である。下げ潮時の水深一〇ｍでは、上げ潮時に比べて、流向が観音崎では広田半島を向き、真崎では、真崎半島と唐桑半島を向いている。それらの流速が、観音崎と真崎では減退し、しかし、中間地点での流向は真北を向き、その流速は上げ潮時と変わらない。

これらのことから、基本的に、広田湾の外洋からは常に外洋水が内湾に入りこんでいるが、双方の半島の地形の影響を受けて、流向が変わる（図41・42）。

濁度

濁度（ＦＴＵ）はフォルマジン液にサンプル液を垂らして測定する方法であり、水の濁りの程度をあらわす。

Formagin Turbidity Unit（FTU）は製氷水一ℓ中にFormagin一㎎を垂らしたときの濁度を一FTUとして定めて、それと比較して得られる値をいう。

(イ) 気仙川から広田湾の流速、水量・栄養の流入（表層流）と太平洋から広田湾に流入する海底流の流れ（水流と栄養塩）の解明

あ) 気仙川から広田湾への流れ

気仙川の三陸道橋がかかる地点から下り、村上道慶の碑がある河川中央（川幅七〇mと推定）と気仙川孵化場付近（川幅は九〇m）で、流向・流速とクロロフィル量他を計測した。更に七月に引き続き、旧気仙中学校と一本松の間でも計測した。

一般に上流ほど流速が早い傾向がある。これは、河川の勾配が急であることと下流に来るに従って、水量が増加し、河川の水量の質量が増すので流速は低減する。村上道慶の石碑付近の流速は、七〇～九〇㎝／秒であるが、気仙川孵化場に下ると流速は六四㎝／秒である。気仙川河口の旧気仙中学校と一本松ラインではさらに四四㎝／秒に減速する。それでも広田湾内の流速と比べると格段に速い。

クロロフィル量は一般に二～三㎍／ℓであり、河口に行くとそれが二～七㎍／ℓとなり、増加する。特徴的なのは水温であり、河口でみると表面水は一六～一七℃であるが、河川の河床の海洋水は一九℃にまで上昇している。この時の湾内水の表面水温は二三～二五℃程度あり、河川水が湾内の海水温上昇を抑える働きがあることがわかる。河川水を継続して湾内に流入させれば、それだけ冷却効果がある。河川水が、水温が一二～一五℃の地下水と伏流水を多量に含めば、さらに水温は低下する。沿岸域の海水温上昇が著しいのは河川の水温と水量が変化していることも原因であるとみられる（図43）。

【図43】2020年8月9日　流向・流速とクロロフィル量：上げ潮時

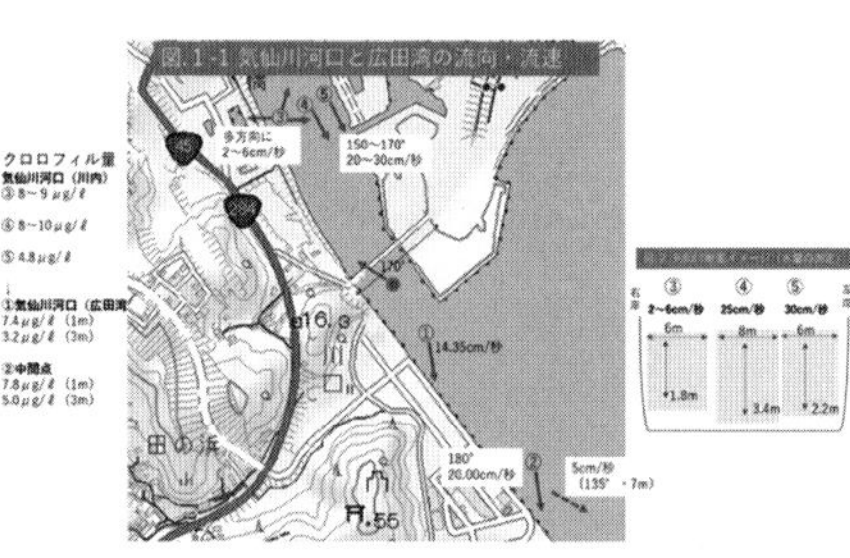

【図44】2020年7月20日の流向・流速とクロロフィル量：上げ潮時

①気仙川の流水量　旧気仙中学校と一本松のライン

上げ潮時　旧気仙中学校と一本松のラインは幅が二〇〇mで水深は、右岸で一・八m、中央部で三・四mで左岸では二・二mである。河川管理者の岩手県では、気仙川の断面図を含め主要な図面を保有していない（岩手県三陸土木事務所　川原氏談二〇二〇年七月二二日一一時）。以下は七月二〇日の一四時二五分の計測（満潮は一六時四四分：大船渡）であり、測定時間は上げ潮時であった（図44）。

緩やかな上げ潮時（八月九日一四：〇〇、大船渡干潮が一二：三〇で満潮一九：〇〇）

この時間帯は比較的上げ潮の影響は少なく、気仙川への海水の流入は活発ではなく、かつ、気仙川の南下水流は上げ潮の影響をほとんど受けないと推定した。また、梅雨前線の影響による雨量の増大で水量が通常より増加していたと考えられる。

この間には旧気仙中学校付近での流速は一五・五cm／秒あり、中央部は四三・五cm／秒（四〇cm／秒と四七cm／秒の平均値）で約二倍の速度があり、一本松側は五七・五cm／秒（六五cm／秒と五〇cm／秒の平均値）である。

しかしながら、一本松側の水深二m（六cm／秒）と中間点の水深二メートル（九cm／秒）には、すでに広田湾

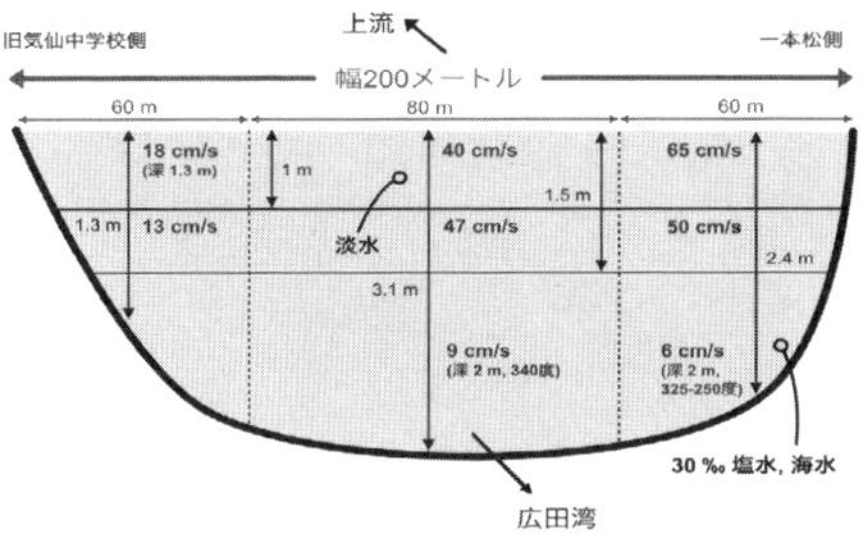

【図 45】気仙川の流速からから広田湾への流入量を推定（旧気仙中学前）

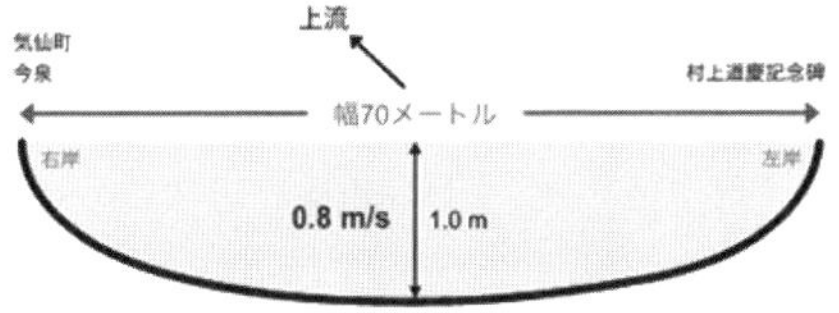

【図 46】気仙川の流速から広田湾への流入量を推定（村上道慶記念碑付近）

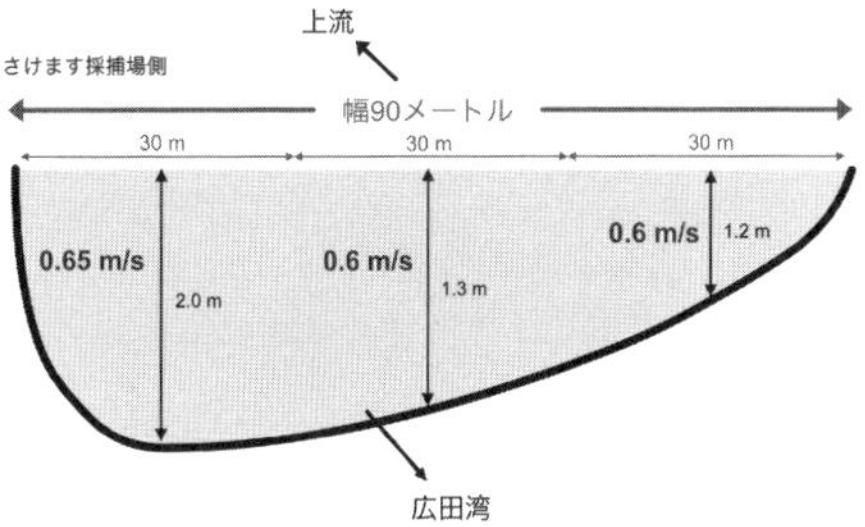

【図 47】気仙川の流速からから広田湾への流入量を推定（サケマス採捕場付近）

から流入する海水が、観察された。
これらを計算すると
1：〇・一五五m／秒×一・三m×六〇m×六〇秒＝七二五・四t
2：〇・四三五m／秒×一・五m×八〇m×六〇秒＝三、一三二t
3：〇・五七五m／秒×一・五m×六〇m×六〇秒＝三、一〇五t
合計　六、九六二・四t

②気仙川大橋（三陸沿岸道）**下から数百メートルで村上道慶記念碑付近**

水深は一m、川幅は七〇m（推定：計測の必要あり）
流速は七〇～九〇cm／秒（八月九日）で平均八〇cm／秒
〇・八m／秒×一m×七〇m×六〇秒＝三、三六〇t／分上流は、東京ドーム（一、二四〇t）が一・五個分である（図48）。

③サケマス採捕場付近

〇・六二m／秒×二・〇m×三〇m×六〇秒＝二、二三二t／秒
〇・六四m／秒×一・三m×三〇m×六〇秒＝一、四九七・六t／秒
〇・五四m／秒×一・二m×三〇m×六〇秒＝一、一六六・四t／秒、合計＝四、八九六t／分
下流では気仙川の水量が増大する。

各地点間で流入した水量は、合流する支流からの流水、伏流水と地下水が気仙川に流れ込み水流が増大したと推量される（図47）。

気仙川の河口域の旧気仙中学校と一本松のラインでは、塩分からみると表面の河川水は淡水で占められ、二m以深ではほぼ海水が占有する。クロロフィル量は水深一mに多く、溶存酸素量は豊富である（図48～50）。

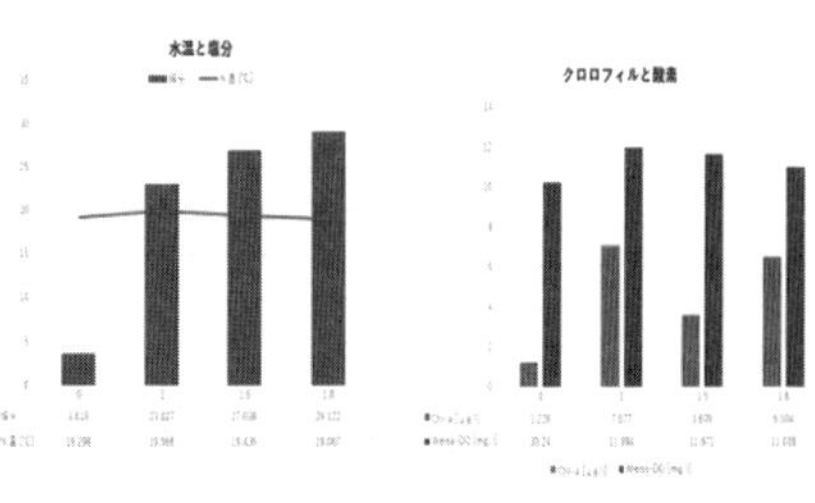

【図48】気仙川河口での水質分析結果
（旧気仙中学前：岸側）

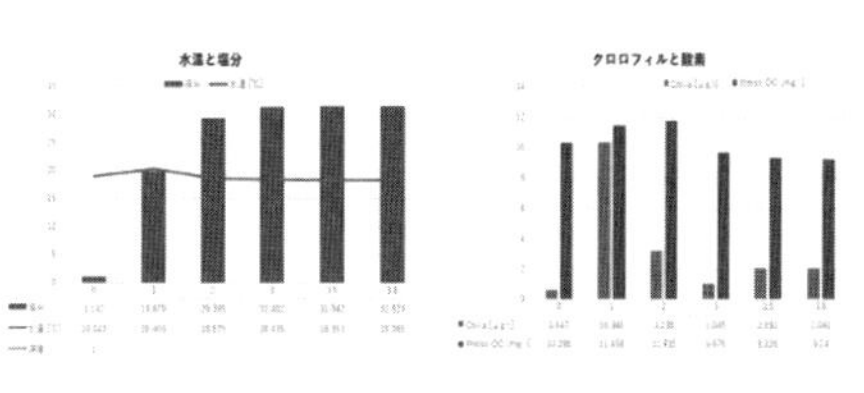

【図49】気仙川河口での水質分析結果
（旧気仙中学前：川中央）

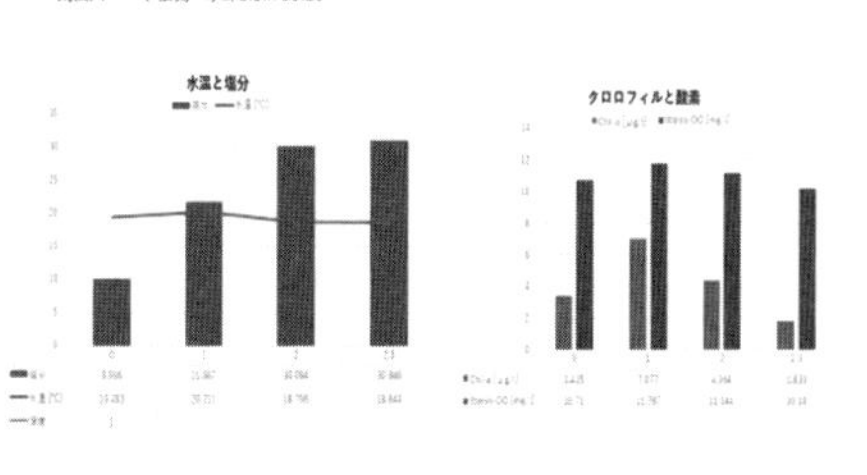

【図50】気仙川河口での水質分析結果
（一本松前：岸側）

い）太平洋から広田湾に流入する海底流（水流と栄養塩）

海底流・流向についてはすでに（ア）で説明している。

栄養塩については（資料は二〇二〇年八月一一日一〇時（満潮からの下げ潮時））以下の通りである（図51）。

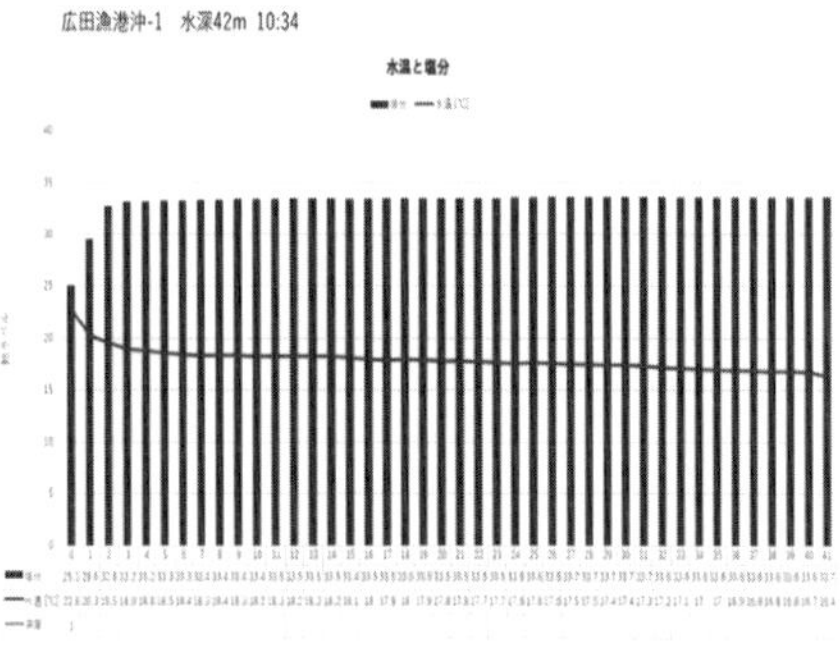

【図51】広田湾海底流の栄養塩調査（広田漁港沖）

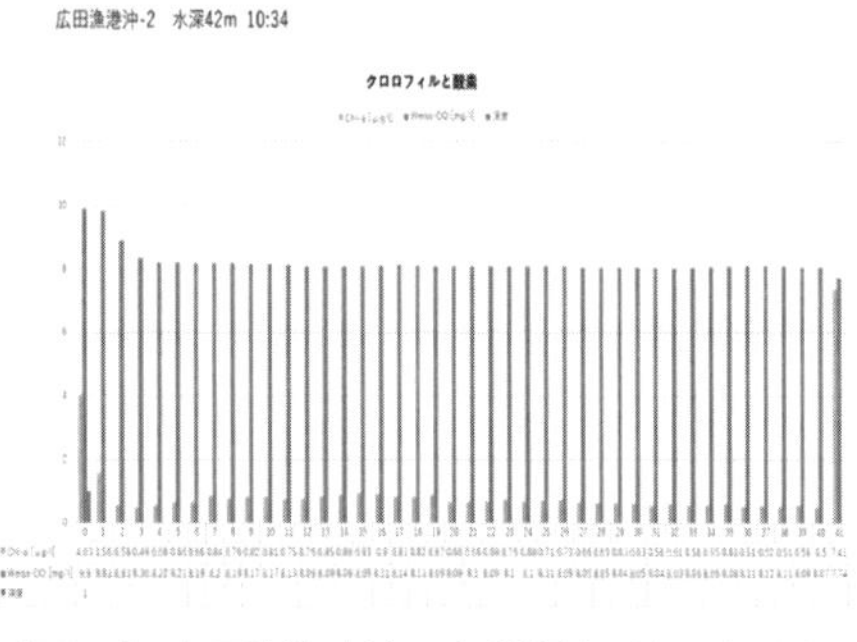

【図52】広田湾海底流の水質調査（広田漁港沖）

表面の二mで水温と塩分はほぼ一定し、それ以深の水深では安定した値となる。水温は一九・五℃で塩分は三三・八‰となり、それ以深では水温は少しずつ低下し四一mでは一六・四℃となり、塩分は三三・五‰から三三・七‰に少し増加する。

クロロフィル量は表面の〇mと一mでは四μg／ℓと一・九五μg／ℓであるが、それ以深では少なくなり、四〇mでは〇・五μg／ℓである。

溶存酸素量は水深一mでは一〇mg／ℓであり、それ以深は八mg／ℓで安定する。なお、広田漁港の観音崎沖と真崎沖でもほぼ同様の値と傾向を示し、湾口での水質はほぼ安定的に一定である。水温は二〇mで一七℃台に低下する（図52）。

（ウ）防潮堤と沿岸付近の構造物の影響度合の解明

防潮堤と潜堤の影響については、すでに明らかにした。

また、新しい高田松原も一種の構造物であるが、外洋からの上げ潮を反発力で戻して、南向きの流向に変化させる。潜堤についても、潜堤の内側の海流の流速が外側の海流に比べて遅いことから、沿岸流を抑える働きがある。構造物ではないが、自然地形の真崎半島、広田半島の観音崎や大陽の鳥の巣崎は広田湾の海域の流れの方向を変えていることが判明した。

三日市干潟の歴史と干潟造成

三日市干潟には、東日本大震災後、再び防潮堤が建設された。

後背地は、水田と一般道路と荒れ地であり、特段に守るものはなく防災上も必要性が低い。はるか後方に小友町の街並みが若干あるが、多くの小友地区の住居は高台に建設されており、津波の直接的な被害にあうことは少ない。全体的な環境と漁業の利益を長期的に考えれば、防潮堤の建設より旧三日市干潟を再生したほうが、多くの便益が得られよう。小友町の住宅地が高台に建設されていたのは、そもそも明治二九年と昭和八年の大津波被害の教訓である可能性が高い。

旧三日市干潟は、一九四七年には湾奥部東に拡大して、深く入り込んで伸びていた。ここは、陸地の地形から見て、付近の山々などからの淡水の流入が多いと推測される。ここの干潟が多くの生物を育んだことは想像に難くない。この環境が種々の科学的データから見て両替湾の現在のカキの養殖生産の基盤になっている。

一九六六年にはこの干潟は埋め立てられた。水田として、稲作を振興することが目的であった。当時は、八郎潟中海や諫早湾干拓をはじめとして、稲作の増産ブームであったが、結果的に農林省の干拓事業はほぼ全てが不成功に終わった。小友浦もその一つである。しかし、その後は工業団地化構想も上がったが、この干潟埋め立て地が有効に活用されたことは一度もない。現在は残土置き場である。

干潟再生計画

二〇一三年九月漁港漁場漁村総合研究所は、当該干潟の再生の目的の調査（参考文献）を行った。そこでは「以上に鑑み本調査は、（小）友浦地区を干拓前の姿である干潟へ再生すると共に」という目的が掲げられている。

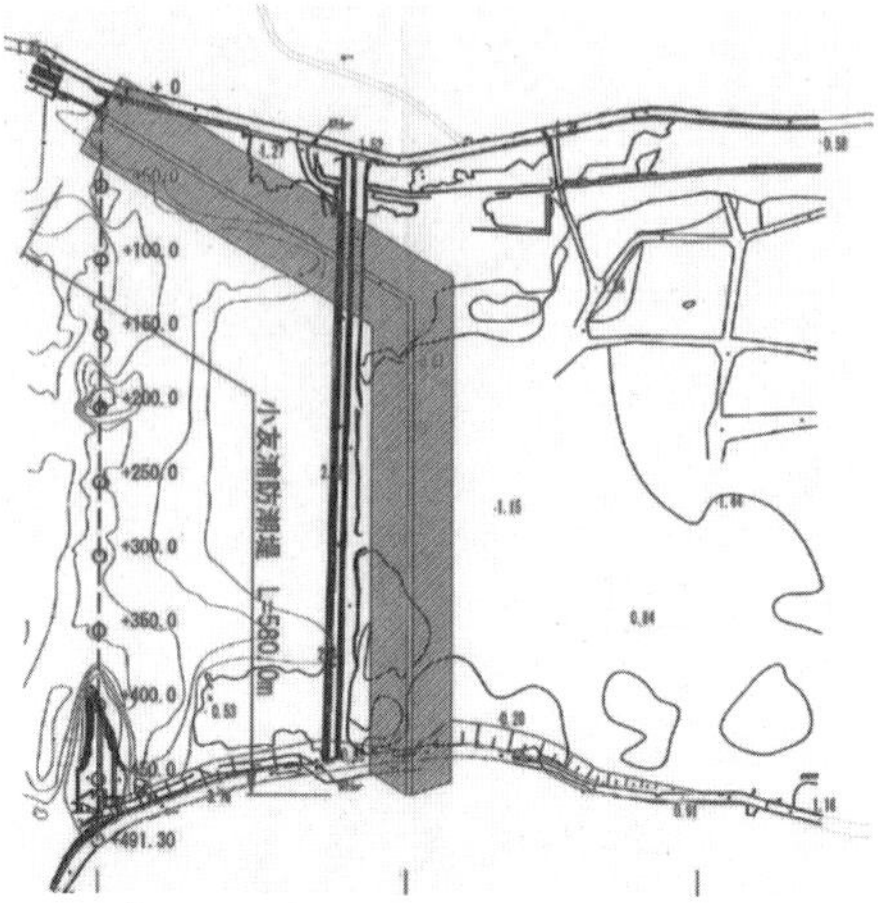

【図 53】「干潟造成計画区域平面図」
吉野真史＊・伊藤靖＊＊・千葉達＊＊＊「東日本大震災地盤沈下区域における干潟の再生と生物多様性の検討」より抜粋

【写真 23】防潮堤上空から見た防潮堤前の残土処理が開始された小友浦干潟

【写真 24】残土投入が始まったが本格化する前の両替湾全景（2020 年 8 月撮影著者）

同参考文献によれば、気仙川付近で産卵したアサリの浮遊幼生は、気仙川からの時計回りの水流に乗って三日市干潟に到着するとの仮説を海流シミュレーションの結果から導いているが、シミュレーションに挿入した海流などがいかなる指数として入れたかが示されていないので、この結果が適切であるとは言い難い（図45）。また、実際のアサリの幼生の出現は髙田松原と長部港外の福伏沖であり、三日市干潟に到着するものは極めて限定的である。また、この参考文献では、防潮堤前面に砂質を盛り干潟を再生すると記述しているが、①その下に廃土土砂（西欧諸国では、廃土に有害な公害物質が含まれる可能性を検査する。）を投入するとの記載は一切ない。適切な底質は砂質であると述べている。しかし、干拓前の三日市干潟と両替湾は泥質であり、シルト質であった。従ってシルト質の検討がなされるべきである。

②第二に後背地の旧三日市の干潟の復旧の可能性を本文献では、全く選択肢として検討していない。漁業者の期待もまさに旧三日市干潟の復活にある。③また本参考文献は、本来の干潟に卓越して発生するベントス生物などアサリ以外の生物の再生と復活には言及していない。

岩手医科大の松政正俊教授らの調査によれば三日市干潟には絶滅危惧種と希少種を含め一六一種類のベントス動植物が生息する。

旧小友浦湿地帯の河川・クリーク・農業用水路の状況

旧小友浦は水流がとても多い。米崎町に通じるアップルロードから下がったところに用水路があり、農業用とみられる水が蓄えられている。そこから、旧小友浦に向かってクリークと農業用水路が縦横に張り巡らされている。これらのクリークと農業用水路は気仙セメント工場付近で、合流して旧小友浦に流入する。気仙セメント工場の西側・両替側にも湿地帯があり、これも旧小友浦に水を供給している。また、東の小友町から水田を通り、農業用水が旧小友浦湿地帯に流れ込む。旧小友浦湿地帯はその中心にもクリークが流れていたが一〇月から再度開始された残土処理事業でほとんどの湿地が、埋め尽くされてしまった。この残土処理事業は、環境への影響調査もなされずに行われている。この湿地帯は、再度回復したならば有益な学術研究資源、両替湾への高い養分の供給源ともなり、かつ、観光や市民の憩いの場にもなった。残土処理という、世界的に見ても非常識な行動をとったことは、後世に負の遺産として残る（図54）。

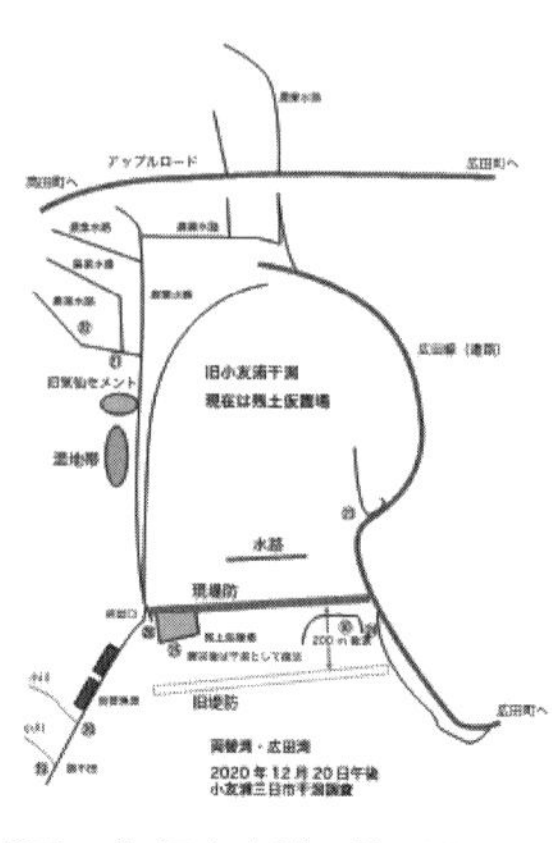

【図54】旧小友浦干潟（残土処理場）周囲の農業水路分布図

旧小友浦湿地帯に近い勝木田の小川と両替港の脇の小川は比較的栄養価が高い。クロロフィル量が勝木田では六・九μg／ℓで、両替港の脇の小川では九・五μg／ℓでさらに高い。これらの小川が両替湾に流れ込む付近は、以前から大量のアマモが繁茂して、これらがプランクトンや小魚の住み家を提供していた。

しかし、旧小友浦の両替側の出口を矢の浦側の出口の付近から両替湾に流れる水では、一・二μg／ℓと二・二μg／ℓであり、それほどの栄養塩ではないが、両替湾の海中でのクロロフィル量よりは高い。しかし、陸側に入った気仙セメント工場付近では一二・八μg／ℓであり、また、矢の浦側出口より東に入ったところで

【表7】小友浦での水質分析調査結果（2020年12月20日午後）

	⑲	⑳	㉑	㉒	㉓	㉔	㉕	㉖
流速（cm/秒）	0.4 ～ 1.4	0.9 ～ 1.4	0.8 ～ 1.4	-	-	1.5 ～ 2.3	0.5 ～ 1.8	0.7 ～ 1.8
塩分(%)	3.9	0.1	4.3	0.1	0.2	0.2	20.8	0.3
クロロフィル（μg/L）	6.9	9.5	12.8	0	11.3	3.2	0.7	1.2
濁度（FTU）	7.2	8.8	170.0	432	48.4	15.0	9.5	3.3
溶存酸素（DO）	87.1	97.9	103.1	96.7	99.0	93.0	101.8	103.9

資料：一般社団法人生態系総合研究所

（注）- は計測なし。

は一一・三μg／ℓであり、かなり高い値である。旧小友浦湿地帯は非常に豊かな栄養源を供給する水源が付近に存在する。これらがもたらす栄養源が両替湾に注ぎ込んでいる（表7）。

両替湾の栄養源として極めて豊かな旧小友浦湿地帯は、陸上と海洋の生態系をつなぐ連続体としての生態系を保持する貴重な役割を果たした。現在、気候変動と地球温暖化を世界の科学者が問題視しているが、旧小友浦湿地帯も、湿地帯のままであれば、今より大量の水量と流水中の栄養を両替湾にもたらす。夏であれば、陸地からの流入水は通常一五～一六℃程度（地下水であれば一二～一五℃程度）で、上昇する海水温の低下効果がある。栄養分はカキの育成効果があり、地球温暖化の原因物質のカーボンを同定し、カーボンニュートラルを推進するが、その効果を断ち切った。

（参考）日本ベントス学会自然保全委員会（佐藤慎一委員長：静岡大学理学部教授）は、二〇二〇年一二月一八日付で、戸羽太陸前高田市長に対して「小友浦の干潟への残土投入に関する問題点の把握と今後の工事及び追跡調査への要望書」を提出した。

この中では、「残土による埋め立てではそこに生息する底生生物（ベントス）を直接的に死滅させるだけでなく、大規模な環境改変によってもともと形成されていた生息地を破壊することになる。また、小友浦は環境省の重要湿地にも選定されており絶滅危惧種と希少種を含む一六一種の底生生物が確認されている。」（同要望書からの抜粋）と記述される。

（参考）水質に与える河川・小川流の回復の複数効果について

原題タイトルは「The multiscale effects of stream restoration on water quality」でJ. ThompsonとTom Jordanの執筆になる。Jordanは筆者が米国スミソニアン環境研究所を訪問時に案内をした。Stream Restoration（SR）を素材にした論文であり、その概要は以下の通り。

1　SRは米国や欧州では一般的である。これまで、コンクリートや暗渠方式による水流から、ストリームに自然の素材：砂、小石（Gravel）、ウッド・チップと石を小型堤防（Weir）代わりに設置して、自然の流れを引き起こしつつも、水流の流れを緩やかにし、そこに造りだされた環境に植物や動物を繁茂させることによって、汚染物質と過剰な栄養分を除去・削減しようとする機能を造り出す。これは周辺の地質学的な要素や、他の水流などの影響も受けるので、Thompsonらはこれをスミソニアン環境研究所の研究敷地内に建設し、そこでデータを収集して分析した。その方法はＢＡＣＩ（Before After Control Impact）方式と呼ばれるものである。

2　この方式によって、ＳＲの効果が直接データ上で証明された。しかしながら、コントロールとの比較と週ごとに変動する水量のために、統計学的な有為性は確認できなかったものの、四四・八％の燐酸、四五・八％の全燐、四八・三％のアンモニア、二五・七％の硝酸塩と四九・七％の全窒素並びに七三・八％の懸濁物質の削減が観察された。

広田湾と気仙川との海流と河川流の流向・栄養モデル

これまで二〇一八年半ばから開始した科学的計測の結果を連続して分析することにより、一年と九か月程度の間の水温データが得られ、二〇一八年の夏場（九月一〇〜二〇日頃がピーク）と二〇一九年の夏場（同様）の比較を行った。さらには二〇一九年の冬（三月二六日頃）と二〇二〇年の冬（同様）の比較を行った。二・五℃から三℃の水温の上昇がみられた。広田湾全体で

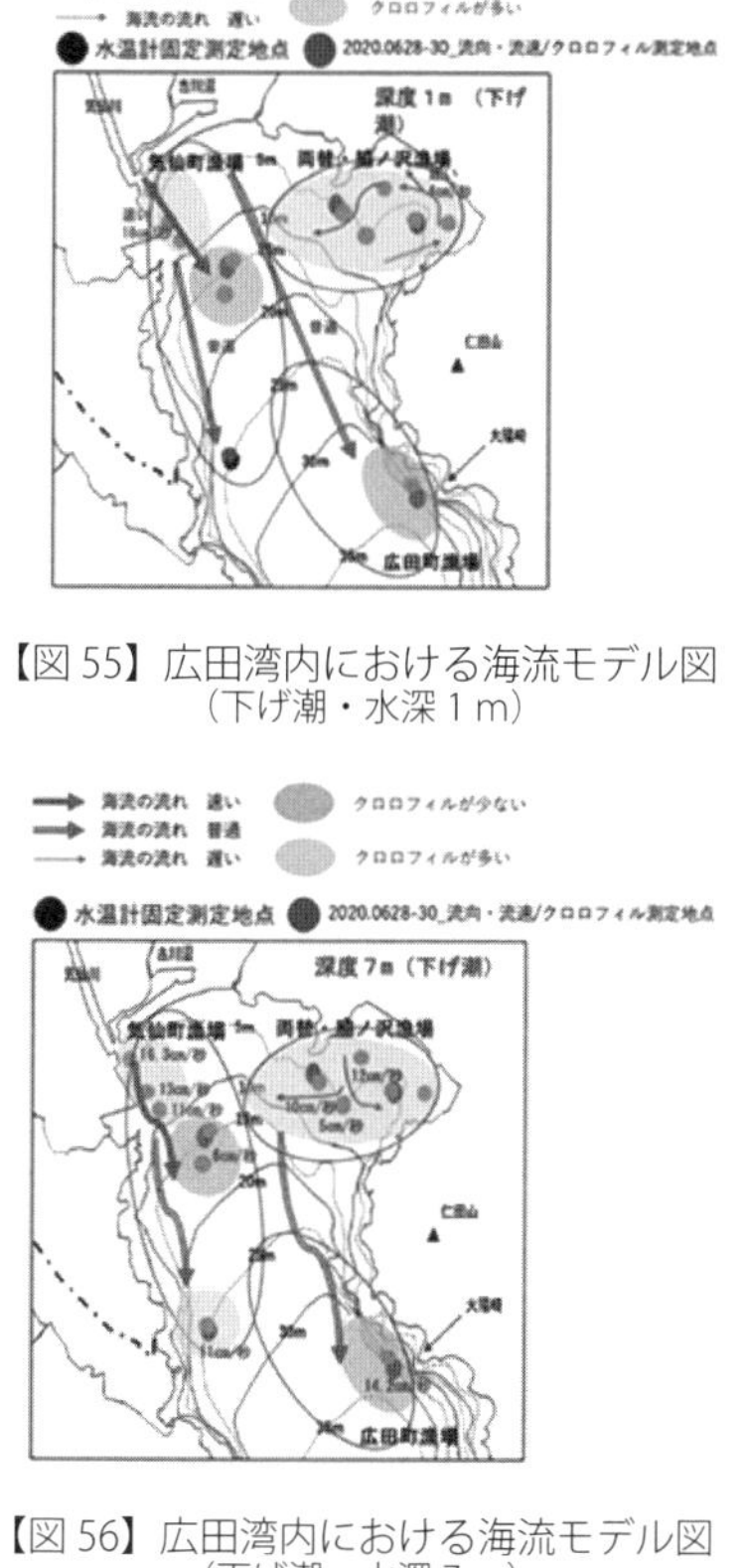

【図55】広田湾内における海流モデル図（下げ潮・水深１ｍ）

【図56】広田湾内における海流モデル図（下げ潮・水深７ｍ）

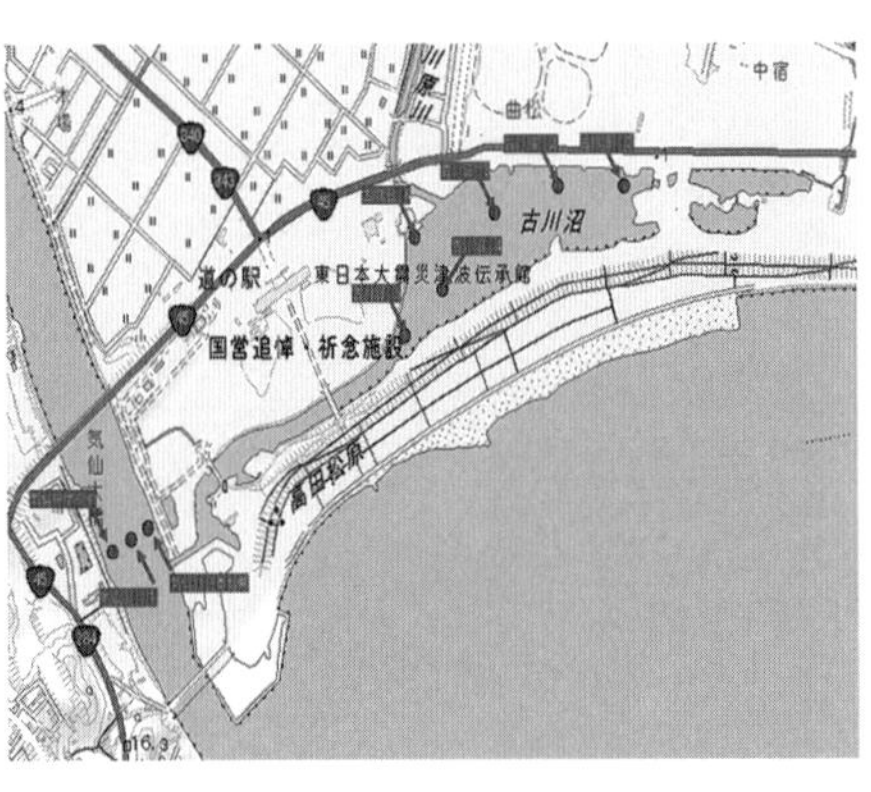

【図 57】古川沼・気仙川河口域の調査地点図
（2020 年 7 月 20 ～ 22 日）

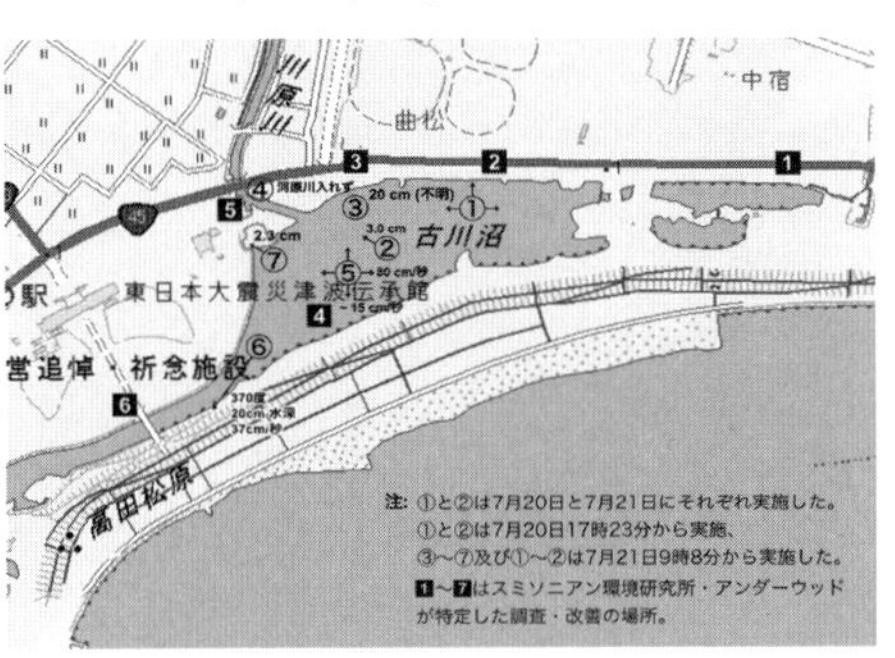

【図 58】古川沼での調査ポイント

水温が著しく上昇している。二〇二〇年の夏の水温は八月二九日では両替で三〇・〇一℃を記録した。

クロロフィル量の調査の結果、気仙川河口は河川から広田湾へのクロロフィルの流入が多い。これが気仙南漁場や県境の長部漁場にもたらされるとみられる。また、両替と脇ノ沢地区のクロロフィル量も周辺と比べるとその量が二～三割程度高い。両替の北部と東南部の山岳の水脈から、独自の栄養分が補給されているとみられる。旧小友浦干潟には、付近の水脈と水田のクリークから流れ込む水脈が多数発達している。ここは、両替湾を反時計回りで回転する海流と海底からの湧昇流が緩やかに流れていると推計される。

以上を総合的に検討して作成したモデルが図55、56の漁場図である。ここでは気仙町漁場、両替・脇ノ沢漁場と広田町漁場の三つを仮定した。これらのそれぞれに特徴がみられる。

今後も二～三年かけてデータを蓄積するとデータへの信頼と情報の持つ意味が格段に向上する。

【表 8】古川沼での測定結果

地点	クロロフィル 上げ潮 下げ潮	塩　分	水深	流速	流向
7 月 21 日 ①	17:23 μg/ℓ 表面 11.9 μg/L	0m - 21‰ 1m - 24‰ 1.5 ～ 2.0m–28‰	2.8m	1m　12cm/秒 2.7m　1.6～ 2.0cm/秒	150 ～ 200 度 あらゆる方向
②	7～10 μg/L 表面 14 μg /L 0.9m	22‰（表面） 24‰（0.9m）	0.9m	2-3cm/ 秒	260 ～ 360 度 7 月 22 日
③	上げ潮 10 μg /L～4 μg/L （底） 泥がつく。ヘドロ	16‰～ 24‰ （0cm）（40cm）	40cm	不明	不明
④	なし	なし	なし	なし	なし
⑤	1.2～20 μg /L	25‰	80cm	1 ～ 1.5cm/秒	全方向ヘドロ
⑥	2.0 μg /L	20‰	20cm	35 ～ 39cm/秒	240~300 度
⑦	5~8 μg /L	25‰	1.2m	1.9 ～ 4.5cm/秒	240~358 度
中央干潟	大型のかに 小型のかに カキの死骸 読めない	0-10 貝 カキは２～３年は 生存、その後死ぬ			
7 月 20 日 と同地点 ②	5~8　μg/L	25-28‰	80cm	3~7cm/秒	300~280 度
①	10 μg/L 00 140%	26‰	90cm	4 ～ 6cm/秒	80～138～250度 25.8% 全方位

3　クロロフィル量

古川沼・高田松原調査

二〇一八年度（平成三〇年度）から三か年の調査

広田湾と気仙川の間に広がる平野は、約六、〇〇〇年前にピークを迎えた縄文海進とその後、海の後退に伴う気仙川からの土砂の堆積が形成した沖積平野で、そこは本来湿地帯であったと考えられる。気仙川から流出した土砂が、海からの力によって、砂浜として砂州を形成し、その砂州と高田平野の中間に気仙川、川原川と小泉川が流入して形成した沼が古川沼である。

（ア）古川沼水系の水環境、底質環境（水温、電気伝導度、濁度、海水流入等）と生物調査

古川沼は、淡水と海水が入り混じる汽水湖である。表面を淡水が被い、その下に海水が流れるが、塩分濃度は最大でも二八‰である。また表面は二〇‰程度ある。表

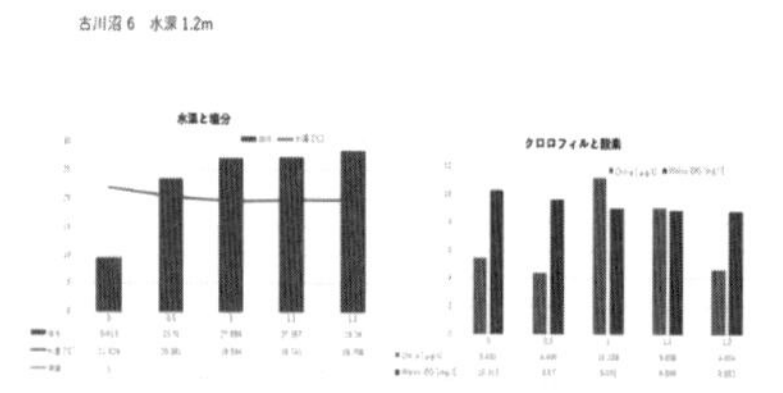

【図 64】古川沼の水質測定・分析結果

古川沼 7 水深 0.8m

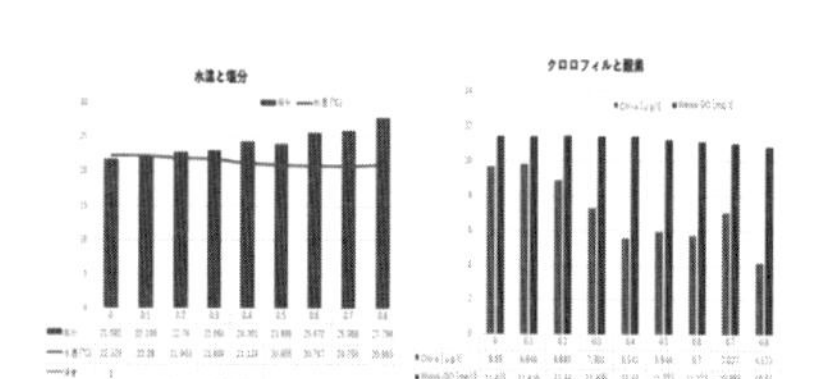

【図 65】古川沼の水質測定・分析結果

古川沼8 水深 0.9m

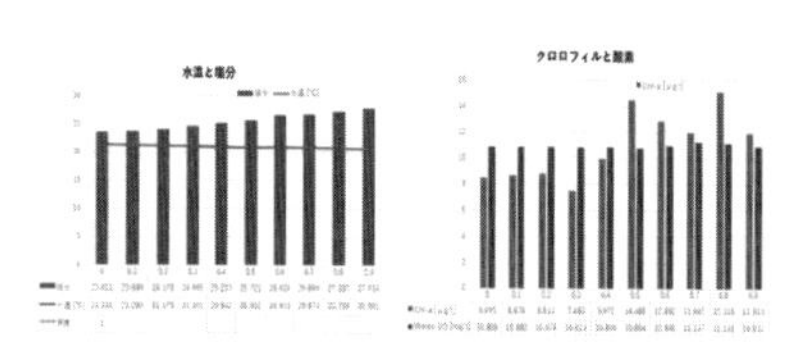

【図 66】古川沼の水質測定・分析結果

【図 67】古川沼の水質調査ポイント

古川沼 下水処理場排水口 ① 水深1.3m 9:35

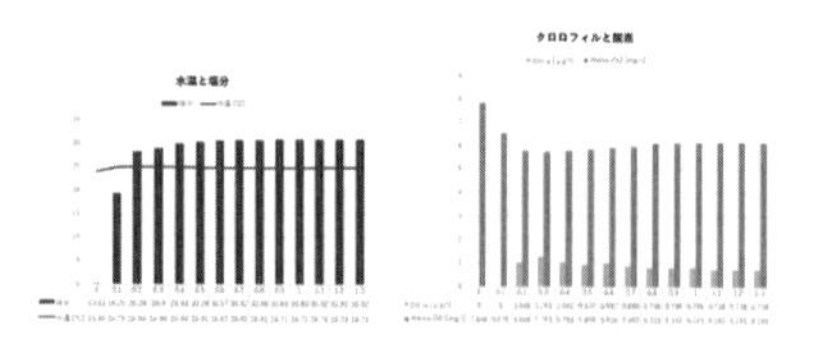

【図 68】古川沼の水質測定・分析結果

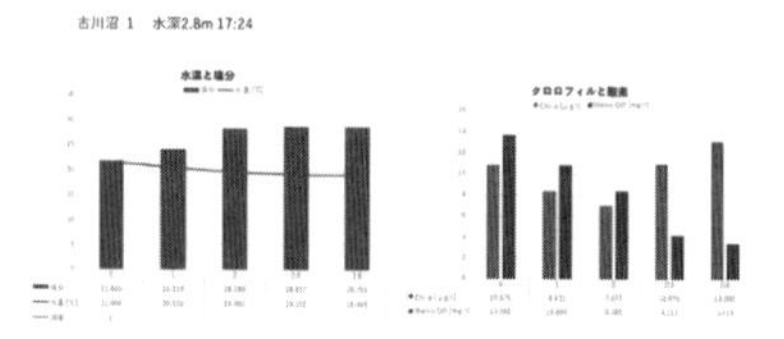

【図 59】古川沼の水質測定・分析結果

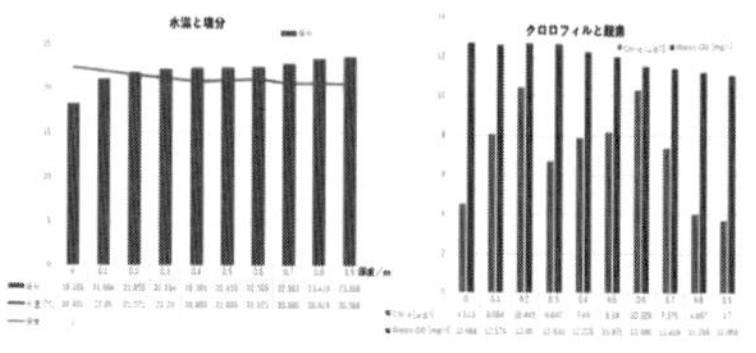

【図 60】古川沼の水質測定・分析結果

古川沼 3 水深0.4m

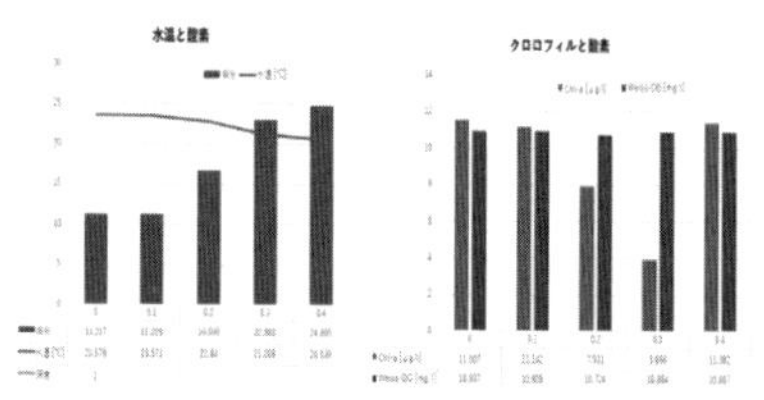

【図 61】古川沼の水質測定・分析結果

古川沼 4 水深0.8m

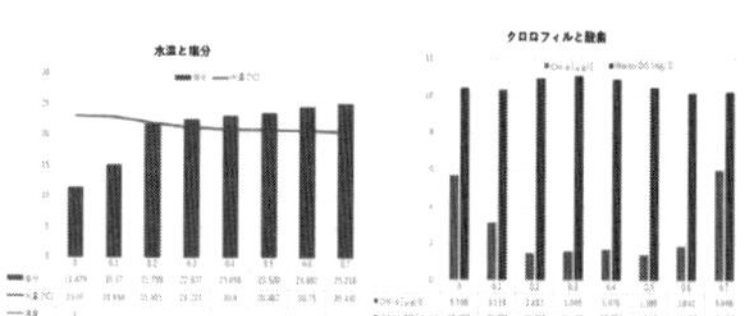

【図 62】古川沼の水質測定・分析結果

古川沼 5 水深0.2m

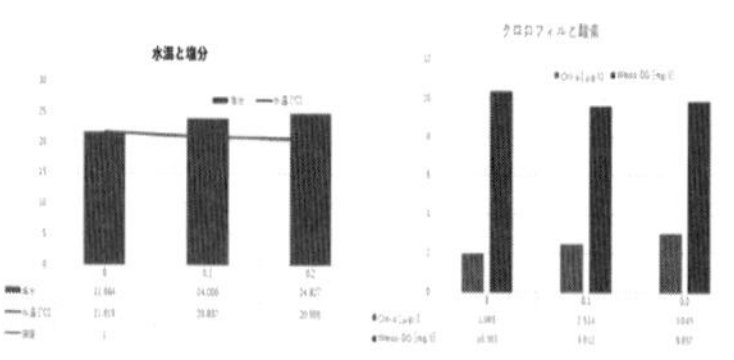

【図 63】古川沼の水質測定・分析結果

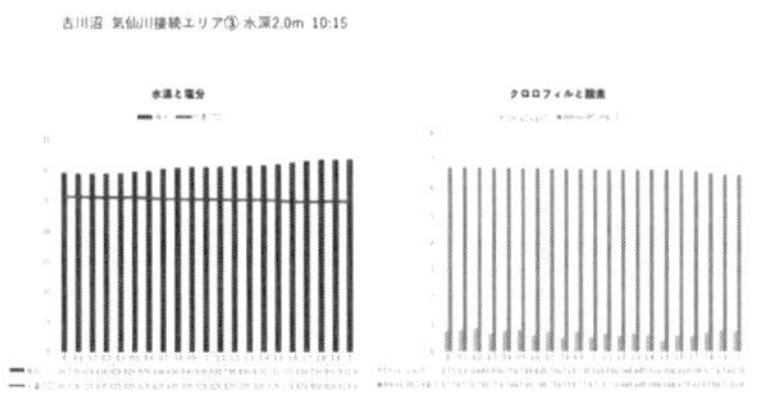

古川沼 気仙川接続エリア⑤ 水深2.0m 10:15

【図69】古川沼の水質測定・分析結果

古川沼 小泉川口⑥水深0.6m 11:53

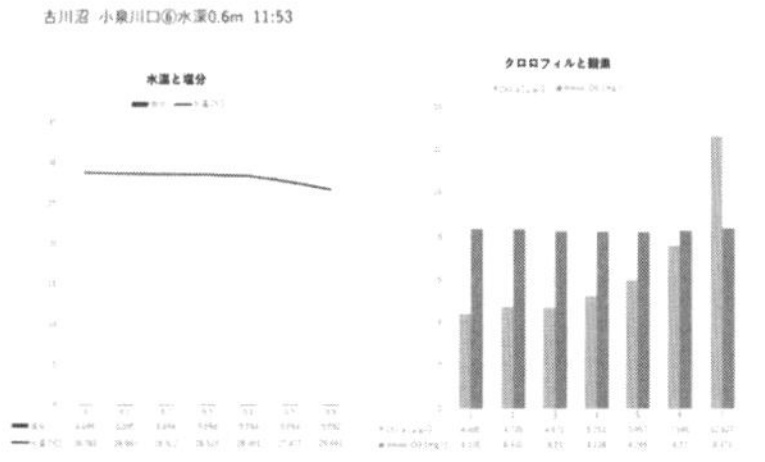

【図70】古川沼の水質測定・分析結果

層から水深一m程度までは、淡水が強い海水との混合水で、その下部も淡水と海水の混合水であるが塩分濃度は下層に行く程増加する。酸素は、通常通りの密度だが、地点①は極端に酸素が低下し、生物が生息できない酸素溶解量である（三mg／ℓ）。

しおさい橋から東側の古川沼は、流速が一・二〜二・〇cm／秒で極めて小さく、基本的には水流がみられないという状態である。ただ「しおさい橋」の真下では三五〜三九cm／秒の活発な流水がみられた。この西側の水路が気仙川に通じて幅が狭く、流水の速度が急激に高まる。

クロロフィル量は一般に五〜一〇μg／ℓで高いが、水流が殆どなく動きがないので、生物的には栄養を摂取できない。生物層は極めて貧弱である。生物は、貝類や小型甲殻類がわずかに観察された。

流速をみると、古川沼の⑥：松原大橋下の地点は、気仙川と古川沼の主要部をつなぎ干満の差で潮流が生じる場所である（図59〜70）。

古川沼調査その二（気仙川からしおさい橋までの流路と小泉川付近）（二〇二〇年八月二五日　午前九時三〇分から）

七月二〇～二一日の調査では、松原大橋の下の水路がフェンスで断ち切られて、立ち入りができなかった古川沼の西側の通路の四か所と物理的に孤立していた小泉川寄りの東の池の二か所をそれぞれ調査した。気仙川河口に接続した川原川の河川域から松原大橋までの間の四か所と、古川沼の東端の小泉川寄りの二か所であった。第⑤地点は古川沼の中に存在しているが、第⑥地点は小さな池として孤立している（図69）。

(イ) 粒径組成と生物相（底生生物、ネクトン類等）の湖内・湖岸調査

本調査（二〇二〇年七月二〇～二一日）で実施した①～⑦地点では底質はヘドロ状態であり、⑤地点は沼の水面に浮き出た干潟で、底質の泥は粒経が小さいヘドロと砂状のものであった。水流が小さく、小粒子状の砂とヘドロが底質にたまっていた。古川沼の活性化は、一定以上の水流を生じせしめることである。気仙川河口域では流速は一四～二〇cm／秒程度で広田湾でも二〇cm／秒程度あり、これらが適切と考えられる。

一二月二〇日の調査結果

一二月二〇日午前中（上げ潮時？）に調査を実施した。前回の古川沼調査と今回の結果から明らかなことは古川沼の西半分と東半分（古川沼本体）の性質が異なることである。この特質は、松原大橋によって東西に大きく分けることが可能である。東側の古川沼はクロロフィル量が一般に高く、おおむね二～五μg／ℓから水

がよどんで停滞している地点では一七㎍／ℓに達する。そして濁度も二〇～一〇〇FTU程度を示し異常に高い。流速も極めて遅く毎秒一～三㎝程度である。古川沼の東半分は、水流が停滞し、水質が悪化し濁度の高さになって表れる。古川沼に流入する川原川と小泉川からプランクトンが供給され、この栄養を基に古川沼での栄養がさらに増加するが、これが停滞して、動物プランクトンやベントス生物に捕食されない。この結果、濁度が異常に高い。プランクトンの死骸や工事中の土砂の溶解と蓄積が原因であろう。小泉川から古川沼への流入で生じる効果が小さい。これらの地点ではクロロフィル量が高く、また濁度も高い。流速も一・〇㎝／秒以下のところもある。水流がないと、水と栄養の循環がなく、生き物の生存が困難である。水循環が起きれば生命をつなぐ栄養の循環を創造することが可能である。

【図71】古川沼内での調査ポイント（2020年11月20日午前）

松原大橋から西半分は、東半分の古川沼とその性質が異なる。流速は五～七㎝／秒であり、東半分のそれに比べて、五～一〇倍程度の流速がある。しかしながら、クロロフィル量が〇・二～〇・五㎍／ℓと低い。濁度は〇・七～一・二FTU程度であり、東半分と比べると格段に低い。すなわち、ここでは、気仙川からの海水が流入し、流出するが、それが栄養の循環に寄与している状況となっていないとみられる。気仙川から松原大橋の間はリップラップ（捨て石）で、河岸護岸を形成しているが、これが植物プランクトンの生育などに好適な環境を提供していない。

東半分の古川沼に流速を起こせば、栄養の循環が構築される。その水流は栄養分をもたらす。生態系を構成するバクテリアやプランクトンが豊富な水流を生じさせることが好ましい。

西半分には、もちろん、気仙川水系の流入水が流れ込んでいるが、これらに含まれる栄養源が繁殖する環境創造が重要である。リップラップ（捨て石）は、生物の繁殖、活動に適切ではないので（スミソニアン環境研究所及び米国政府NOAAの論文）、これを自然の河岸・土砂を盛り込み改良すること（米アンダーウッド社）などが必要である（図71・表9）。

川原川と小泉川

川原川と小泉川は古川沼に流入するが、どちらもクロロフィル量が高い。川原川は二一・三〜四・九μg／ℓであり、小泉川は上流では六八・三μg／ℓ（異常値とみられる。）と高い量が観察された。下流では七・八μg／ℓであり、通常ベースである。ただ、川原川も小泉川も濁度が一〇〇FTUを超えるが、これは人的由来でなければ生じないレベルであり、復興工事による土砂の流入が原因とみられる。

浜田川は、小泉川と川原川に比べると比較的に大きな河川ではある。調査日の一二月二一日は冬であり、基本的には水量が少なく流向と流速も計測が不可能であった。これらを測れば、流入水量の試算が可能である。

浜田川河口付近ではクロロフィル量が〇・八μg／ℓであり、それほどは多くなかった。中流域の米崎小学校に分かれる付近では一・三六μg／ℓでやや増加した。米崎小学校北の付近では二〇・八μg／ℓで、かつ濁度も六一・六FTUと高かった。また、本流の佐竹建設本社の付近で、かつ姥石神社の下では一・七六μg／ℓで、

【表9】古川沼の総合水質調査・分析結果（2020年12月20日午前中の調査）

	①	②	③	④	⑤	⑥	⑦	⑧	⑨	⑩	⑪	⑫	⑬	⑭	⑮	⑯	⑰	⑱
流速	0.2〜	0.4〜	0.3〜	1.0〜	0.6〜	1.1〜	0.4〜	0.5〜	5.5〜	4.9〜	5.2〜	0.6〜	1.1〜	0.5〜	2.1〜	7.2〜	-	2.5〜
cm/秒	1.0	1.7	0.9	3.6	1.8	3.7	1.6	1.8	7.2	7.1	6.8	1.4	2.1	2.1	3.0	8.6		3.3
塩分%	14.3	17.1	21.9	24.9	17.4	20.4	27.3	30.6	31.2	32.9	32.9	-	30.1	31.3	0	0.1	0.1	0.1
クロロフィルμg/L	17.4	6.2	1.2	2.9	5.1	0	8.3	0.2	0.5	0.2	0.15	-	0.8	4.0	7.8	4.9	2.3	68.3
濁度FTU	38.6	18.6	5.0	58.7	61.8	0.1	92.3	2.8	8.6	1.2	0.7	-	3.4	139	529	140.0	615	139.4
溶存酸素DO	112.0	101.0	96.9	100.0	100.8	104.4	102.0	89.9	100.5	93.4	102.4	-	94	95.1	115.7	112	102.1	110.8

資料：一般社団法人生態系総合研究所

（注）－は計測なし。

濁度は四・七三ＦＴＵで通常値であった。このことから、浜田川が特に栄養に富んだ川でもなく、特徴的なものが見当たらない（図67・68）。

（ウ）海岸形状やその構造と環境及び河川環境等の調査

古川沼は、気仙川の流失の砂と、広田湾から持ち込まれた砂によって形成された砂州に囲まれ成立した。この砂州は高田松原と呼ばれ、そこに植物の種が飛来し植物相を形成し、かつ、江戸時代から植林された松林が成立した。そして、防風と防砂の役割を果たした。古川沼は比較的浅く東西に延びて、最大水深は二m程度であるが、水流が弱く、水量も多くない。また、各所に流れを閉塞する工事用の立て板や鋼板が立てられており、水流は停滞している。クロロフィル量は高いが循環していないために、生物にとっても好適な住みや

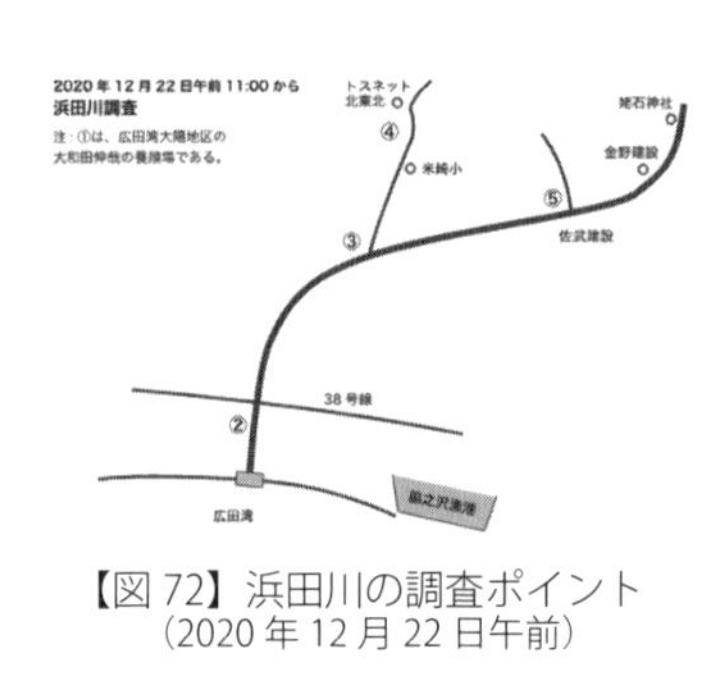

【図72】浜田川の調査ポイント
（2020年12月22日午前）

すい環境とは言えない。生命の種類と量があまり観察されない。

古川沼の中央部の北側には生物の生息には適していない三㎎／ℓ程度しかない貧酸素量の沼の底質域が観察される。水流の改善による水循環の改良が急務であると考えられる。ヘドロ状になった底質の改善を図ることが必要である。防潮堤によって古川沼が閉鎖されて以来、古川沼の水質と底質は悪化する一方とみられる。また、最終的な古川沼の完成状態を岩手県三陸土木センターも把握していない（二〇二〇年八月三陸土木センター　川原淳生氏）。

（エ）地層と地質、地下水の分布、海水の地下への侵入等の調査

古川沼を含めて、高田平野は約一〇、〇〇〇年前にできた沖積平野であり、地質は基本的に砂質である。一〇mが砂層であり、それより深いところでは泥層（シルト層：沈泥と呼ばれ、砂より荒く粘土より小さいものをいう。粒形は一／一六㎜から一／二五㎜である。）である。

また気仙川沿いは、気仙川に刻まれた谷が形成され、その深部は礫で覆われる。また、東側は浜田川に削られて、底部に礫がたまっている。

海水の古川沼への侵入に関しては、気仙川河口の連結口を通じて行われる。そのため、気仙川の淡水が海水の上部に重なって、上げ潮の時間帯に流入すると推定される。気仙川の河口域の一本松付近の塩分濃度

【表10】浜田川の総合水質調査・分析結果（2020年12月22日午前11時からの調査）

	②	③	④	⑤	⑥
水温（℃）	6.63	7.66	6.73	7.2	9.7
塩分（%）	0.132	-	-	-	32.25（水深0.5m）、18.0（0m）
クロロフィル（μg/L）	0.81	1.36	20.8	1.76	0.80（0.5m）、0.90（2m）
濁度（FTU）	1.64	1.76	61.5	4.73	0.71（0.5m）、0.71（2m）
溶存酸素（DO）	102.8	98.1	108.9	101.6	97.9（0.5m）、99.9（2m）

資料：一般社団法人生態系総合研究所

（注）－は計測なし。

は、一〇‰（表層）から二一‰（一m）、三〇‰（二m）であり、この河川水が古川沼に流入する。海水の地下浸透については、ボーリング調査の実施が最も適切な方法であるが、上述のように地下一〇mまでは砂層である。これらの地下層の淡水と海水の層の形成については不明である。一〇～二〇mのシルト層の下部には更に下部砂層が形成されている。ボーリングの掘削の深度次第でそこは、淡水と海水（どちらが上部に存在するかは不明）であることが予想される。また、深度によっては、古川沼に流入している湧水の可能性はあるが、その湧水が淡水か海水かは、付近の塩分を見ても二八‰程度あり、流入海水との区別は、現状の情報では判断が困難である。高田平野の分水嶺の雨水を計算（陸前高田市下水道課の試算：上述）した。それが、浄化処理施設に入るもの、そのまま気仙川と古川沼に入るものがあるが、地下水と伏流水となっての古川沼流入の程度は、推定が困難である。

（オ）人工構造物の位置、形状、構造と材質等について、高田松原防潮堤、海岸防潮堤河口水門と河川の現状調査

一二・五メートル防潮堤の建設

二月一五日一二時

高田松原にはチリ地震津波時の防潮堤の建設の位置に高さ三mの第一線堤と高さ一二・五 mの第二線堤が建設された。これらは全く同位置に建設されたので、現状の復旧との理解で環境影響評価法（一九九七年（平成九年）法律第八一号）に基づく環境影響評価を実施することなく、建設された（同法第五二条では、災害対策基本法（昭和三〇年）法律第六六号の第八七条の規定により都道府県が実施する災害復旧事情は同法の環境評価の適用除外とされる）。高田松原の海岸、広田湾及び古川沼に対する環境影響が格段に大型化しているにも関わらず、災害復旧との理由で環境影響評価を行わなかったことは、これらの防潮堤の建設の結果、その工事が古川沼や広田湾の環境や海洋生態系への悪影響がどれだけ甚大であるかを事前に評価しなかったことを意味する。

陸前高田市民と漁業者は現在でも防潮堤の工事の環境への悪影響については科学的な分析があるかどうか承知をしていない。東日本大震災直後に岩手県の環境部が開催した「景観に関する防潮堤建設」に関する委員会は、防潮堤は国道四五号線に後退させて、古川沼と広田湾の自然に配慮するべきであるとの意見を出したが（岩手大学　竹原明秀人文社会科学部教授）、岩手県は、防潮堤の建設はすでに決定したことを理由にこれを取り入れることはしなかった（図73〜75）。

また、防潮堤の建設に関しては、震災直後、時間をかけずに建設の意思決定がなされ、震災と津波のイン

パクトの中で、また、説明会の回数も一～二回とごく少数で、さらには、建設のための説明会の主体となった者が、建設主体の岩手県ではなくて陸前高田市であったこと（複数の陸前高田市民談）も検証される必要があろう。

本調査事業も、「防潮堤工事と嵩上げ工事に対する批判が、建設が落ち着いた段階で各方面から噴出する折に、その説明材料として、かつ、将来への改善要求の内容を伴った提言を含む調査を実施してほしい」（戸羽太陸前高田市長と伊藤明彦前市議会議長）との要望に対応したものである。

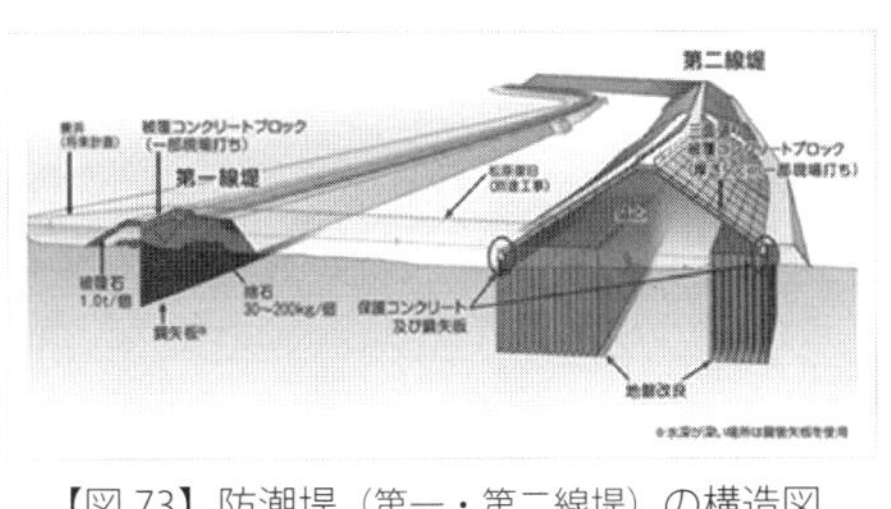

【図 73】防潮堤（第一・第二線堤）の構造図

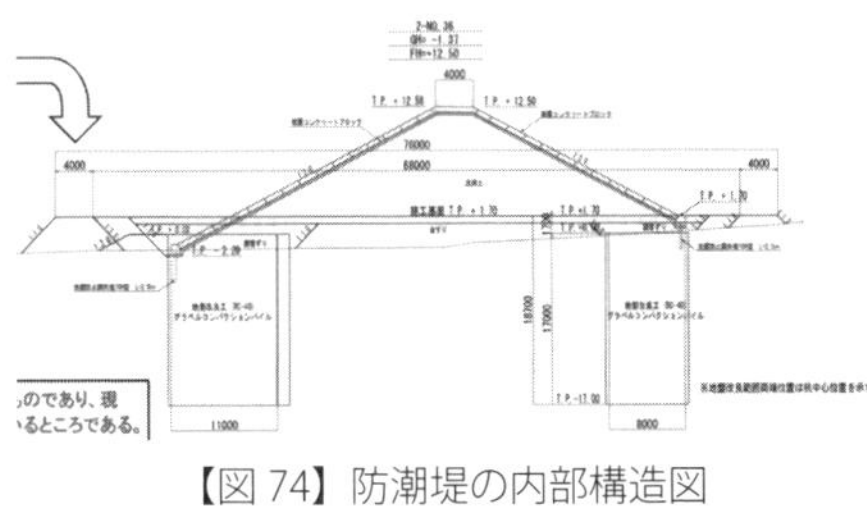

【図 74】防潮堤の内部構造図

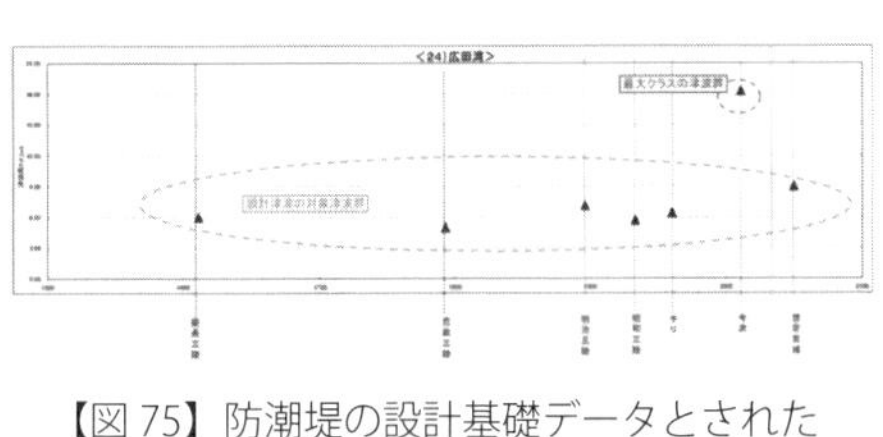

【図 75】防潮堤の設計基礎データとされた過去の巨大津波群

一二・五mは妥協の産物である。これは、一一・五mを主張した岩手県と現実に飛来した津波の高さの一五mを主張した陸前高田市の間を取ったものである（陸前高田市　菊池理事）。一五mの津波は、当該防潮堤では防ぎきれない。一〇〇年に一度の津波からは守れるが、二〇一一年三月一一日のような一、〇〇〇年に一度の津波からは守ることができないとしている（岩手県三陸土木センター）。その場合は、一人一人が逃げることであると語る。過去の津波をデータベースとして行ったシミュレーションの結果は、著者の提供の要請に対して、同土木センターの担当者は「提供はできない」との回答であった。

第二線提は数十～百数十年に一回の「想定宮城」地震の程度の津波（広田湾北部で大よそ一〇mの高さ）被害を防ぐことを目標にし（web情報一八、一九）、当初から一五～一六mの高さになった東日本大震災津波級のものは防げない点に留意すべきである。

また、防潮堤は、堰堤の地上部で陸上社会と海域の自然環境との間を分断し、地域社会の在り方や人の感性などと景観への悪影響を及ぼすなどの自然が提供する生態系サービスや審美的価値を悪化させている。目に入りにくい地下の支持体で地質構造や地下水の流れを阻害し、分断し、様々な悪影響を与えている可能性がある。これらの悪影響はすでに米国のスミソニアン環境研究所、米国政府海洋大気庁（NOAA）とバージニア大学の科学論文では実証されている（二〇一九年度報告書に詳細は記述）。

第一線堤の構造

高さが三mで高田松原海岸の前面に位置し、第二線堤との間隔は約一〇〇mである。第一線提の前には砂浜が存在し、後方と第二線堤の間隔には、岩手県管理と「高田松原を守る会」の民間が管理する松が植林されている。

第二線提の構造

高さ一二・五mの第二線提の基盤は、地中に砕石を柱状にして注入して砂状とシルト質の軟弱地盤を改良するグラベルコンパクションパイル工法（Gravel Compaction Pile method）が採用され、全体で二六、〇〇〇本の深さ一七〜二一mに及ぶ砕石を柱状に注入した（図参照：二〇一六年報告書一二四頁）。また櫃体を基盤に固定するため、両端に数メートル程度の鋼矢版が撃ち込まれている（WEB情報参照）。櫃体は陸域工事で出た残土をくみ上げ一：二・〇の傾斜をつけて、厚さ五〇cmのコンクリートブロックを金属の爪を噛合わせる方式で相互に組み合わせて、表面を被覆している。基部の幅は約二五 m（最大で八〇m：二〇一七年報告書六〇頁）である。櫃提の頂上は十分な幅があり人が歩ける。そこに内部の土壌流出を観察できる蓋つきの開口があり、必要な場合は高圧で土砂を注入することができる。

【写真25】気仙川水門

気仙川水門

二〇一一年の東日本大震災・津波の被害を受けて建設されている。気仙川水門は六基のコンクリート堰柱の間に鉄鋼製の構造体がある。遠隔操作で、コンクリートパネルを下すことによって、津波を防ぐが、一度下すにも一〇〇万円がかかるので、下すテストを実施したことがない。遠隔操作に要する時間は二〇分であるが、震源地にもよるが二〇分で津波が到着することもありうるし、操作に手間取ることもある。水面まで三mあり、水深が三mあり、流木が引っ掛かる可能性はない（間組工事関係者談）。遠隔操作は岩手県がかかわり、陸前高田市は関与しない（遠隔操作監視設計マニュアルが公開されている）。

浜田川水門

これは浜田川の河口に設置され、かつ、ここで高田松原が終了するが、ここから東側の防潮堤の建設は市の事業で行っている。本水門については岩手県と陸前高田市の資料にもほとんど記載がない。浜田川との位置情報があるものが殆どである。

【写真26】浜田川水門

防潮堤の機能と課題

防潮堤はそれが持つ形状や構造により、地上部では生活圏と海域との間を完全に仕切り、生活の中から海に関する要素を大きく減らし、人の海に対する意識や感性を変えると考えられる。地中では、地質をかく乱し、地下水系の流れを阻害し削減し、または流向・流速を変更していると思われる。これらが、広田湾の海洋環境と生態系ひいては今後の地域や海域の自然や漁業を中心にした生業、人の生活をどう変えていくか科学的にみていく必要がある。

これら復興事業は、通常は踏まなければならない手順を経ずに、考えられない速さで進められ、それを可能にするために大きな陸域と海岸域の自然破壊をしている。

本来、このような巨大事業を環境影響評価法の適用除外とすることは世界的な環境法制度の内容に照らし環境への配慮に鑑みて適切ではない。防災は環境影響評価法を適用除外として単独の判断で実施できるとの現法体系も現実と世界情勢にそぐわない。環境への大きな影響が予想される。専門の科学者や社会学者並びに住民の意見を十分に聴取し、取り入れることが重要である。

本ケースでは①再建設される防潮堤が以前に存在していた防潮堤（高さ五m）に比べ格段に大きく（一二・五m）現状復旧するだけの目的に合致しないことである②第二に津波の場合は次回の津波がいつ襲来するか全く予測不可能で、アセスメントに要する時間を割愛し、緊急に建設する理由に乏しい。③第三に環境影響評価法の適用除外とする「災害対策基本法（昭和三〇年法律第六六号）」が古すぎる。環境に配慮し、自然力を活用した防災とすべき時代の要請と世界的な動向に応えていないこと。④第四に諸外国から見て、環境影響評価もない事業はあり得ないとの評価を下されていることである（スミソニアン環境研究ハインズ所長他多数の訪問者（二〇一七年六月）の率直な意見）。

十分な時間をかけたアセスメントを行って、地域にとって最善な道を選択すべきであった。「巨大津波被害」の後であっても、それが最善であったと思われる。実際には考えることなく全速力で進められたことから、生産性の高い湿地帯と砂州を有した高田松原の海岸域と広田湾の環境への影響など様々な課題を生み出し、将来に大きな「つけ」を残した。いつ来るかわからない津波に対する防災一辺倒で、また、人工物では防ぎようもない津波の防災のために、生態系がもたらす地域住民への貢献（漁業・養殖業生産物と景観的効用と地下水と風光などの自然の貢献）を失ったこととそれによる漁業・養殖業の生活の基盤を損なっている。現時点でも遅くはない。巨大防潮堤の建設による、その後の海洋生態系や漁業・養殖業への影響について、厳格で、科学的なアセスメントを実施するべきである。公共工事：建設建築中心で、産業振興と自然などへの配慮が不足する陸前高田市政にはそれが緊急に求められる。残念なことに、市役所内に各部門の専門家が不足していることは危機的な問題である、と市民からも繰り返し指摘されている。

現状を客観的、科学的に記録し、将来にわたりそれらを継続することにより、水循環系に基づく自然と人の関係とその変化を常に示していくことと、それらに基づく社会的な議論を推進すべきであろう。

(カ) 人間利用水の由来とその水量、及び下水の種類と排出についての自然水域への放水量と位置等の調査

利水・取水

気仙川・サケマス孵化場

サケマス孵化場は第一～三施設までの三施設からなり、第一は昭和六〇年（一九八五年）に岩手方式により建設された。気仙川の伏流水を地下一五ｍのところから引き入れているために、川の増水と水温の影響を受ける。第二施設は平成七年に岩手方式で建設された。矢作川側の伏流水を引き入れているために矢作川の増水と水温の影響を受ける。三〇万尾／池の孵化能力があり、第一と第二を合わせると、年間一、五〇〇万尾

を育てることができる。第三施設は平成二五年に北海道方式（高架タンク）で増設し、親魚を飼育して、育てられるように池のサイズが二・五 m×二〇 mと大きい。五〇万尾／池、合計一、二〇〇万尾を育てることができる。深さ二五mの気仙川伏流水からの井戸から取水をしている。

竹駒第一水源地　陸前高田市水道事業所

直径八m×深さ一一・七mの取水井戸があり、井戸を中心に一〇本の集水管が伸び、地下水を集めている。集水管の長さは数メートル、直径一〇〇mmφ程度。震災時は三mの津波をかぶり被災。海水が地中に染み込み、しばらくの間は水が塩分を含み供給できなかった。取水井戸には常に取水した水が流れ込み、一日九、〇〇〇tを供給する。

ここから陸前高田市内全域に浄水を供給しているが、盛り土の嵩上げが進む中心部は、上下水道とも撤去している状態。高台が完成後、あらためて整備される。整備事業は、国の復興高台事業と同様に、二〇二〇年（令和二年）までかかった。

ミネラルなどの硬軟水、栄養面などの分析はしていないが、湯沸かしポットにカルキがたまるため、カルシウム分が多

【写真 27】広田湾漁業協同組合サケマス孵化場

【写真 28】竹駒第一水源地の取水井戸

い。

陸前高田市の担当者は、伏流水ではなく地下水を利用していると判断している。伏流水を利用する場合には、河川管理者との協議が必要。夏場には取水井戸の水温が高くなることから、明らかに地下水ではなく伏流水だと思われる（二〇一七年報告書一二頁）。

排水・排出

排水施設：陸前高田浄化センター（二〇一七年報告書二四頁他）

当浄化センターは、一九九九年（平成一一年）から供用を開始し、東日本大震災による被害を受けたが、二〇一四年（平成二六年）四月から供用を再開した。復旧により維持管理の簡素化を目的として、処理方法をペガサス浄化システムから、オキシデーション・デイッチ法（OD法）に変更した。一池一系列当たり一、〇〇〇㎥（t）の処理能力があり、二池二系列で二、〇〇〇㎥（t）の処理能力があるが、現在は一日当たり八〇〇tの流入のために一系列のみを使用している。沈殿物の汚泥は、脱水機で八〇%以下の水分まで圧縮し、一週間で四tの汚泥処理物が排出される。汚泥処理物は太平洋セメントに費用を支払い、引き取ってもらっている。また燃焼後の灰はセメントの材料となり、一〇〇%利用されている。

下水は、処理層を通過すると二四時間の間に、バクテリアとエアレー

【写真 29】陸前高田浄化センター

ションの組み合わせによって処理され、滅菌水槽では、陸前高田市の意向として、海にやさしい滅菌方法として、紫外線滅菌が行われている。処理水は川原川に放出され、広田湾にそそぐ。水質の目標はＢＯＤ値二一・〇mg／ℓで、Ｔ－Ｎ値は〇・四mg／ℓ、Ｔ－Ｐ値は〇・〇三mg／ℓであるが、簡易計測器で測定したところ、Ｔ－ＮもＴ－Ｐも基準値を超えていた（二〇二〇年八月二〇日午前九時三〇分計測）。スミソニアン環境研究所・アンダーウッド社の見解では、日本の基準はかなり緩い。

（キ）他の調査活動―宮城県石巻市万石浦

万石浦の海水速度と古川沼への適用

万石浦は、古川沼の約一二〇倍の水量を有する。万石浦は、面積では古川沼の約五〇倍であるが、水深が三倍（万石浦は平均三ｍ、古川沼は平均一ｍと推定）であるために水量が大幅に大きくなる。万石浦は、その浦内部でも二〇cm／秒の流速があるが、古川沼の中央部は二cm／秒程度で沼の大部分の水量は停滞して移動しない。万石浦は浦口が幅一一七ｍで深さ八・五ｍと開口部が大きいためであり、このような沼口が古川沼の場合は存在していない。わずかに気仙川河口暗渠（カルバート）による流水があり、これが沼内部に流れ込んではいるが、沼全体の水流に対しての影響はほぼ皆無に等しい。

一方で万石浦の場合は、幅一一七ｍ／水深八・五ｍの浦口は必然的に浦内でみられる流速二〇cm／秒を生じ、一二・一七時間で一回の万石浦全体の水量入替え（二二、七五〇、〇〇〇ｍ三　／七一六・〇四〇㎥）を生じる（表11）。

【表11】万石浦と古川沼の比較

古川沼					
総水量 A × B	面積 A	水深 B	湾口 C/ 水深 D	流速 E	水量 / 時 C × D × E
173.995m³	173.995m²	1m	10m/2m	20cm/ 秒	14,400m³ / 時
万石浦					
総水量 A × B	面積 A	水深 B	湾口 C/ 水深 D	流速 E	水量 / 時 C × D × E
22,752,000m³	7.11x106m²	3.2m	117m/8.5m	20cm/ 秒	716,040m³ / 時

資料：万石浦面積と古川沼面積及び万石浦湾口幅は国土地理院より、
水深は一般社団法人生態系総合研究所

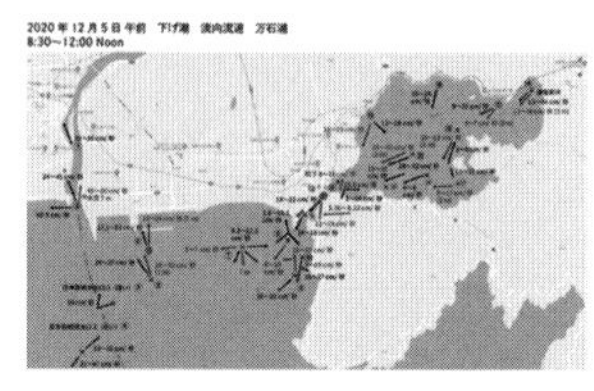

【図76】北上川、石巻湾と万石浦の流向・流速測定結果（2020年12月5日午前）

仮に、古川沼でも、防潮堤に湾（沼）口（一〇m／水深二m）の海水との交流口を設けた場合には、約一二時間で古川沼全体の水量の入れ換えが行われる。従って、三・一七時間で古川沼の水量を入れ換える場合には、約四倍の湾（沼）口の幅、四〇mが必要である。気仙川水門が二〇〇mであり、その水門の五分の一の水門が必要である。（表11）

（ク）参考　二〇〇二年諫早湾の開門調査

佐藤慎一他著「一九九七－二〇一五年における有明海全域の底質とマクロベントス群集の変化」

本調査によれば、一九九七年四月一四日に全長七、〇五〇mの潮受け堤防により約三五・五km²の浅海域が締め切られた。それ以降、有明海全域にわたり、環境とマクロベントス群に顕著な変化がみられた。現在でも漁船漁業やノリ養殖業は深刻な不振に見舞われている。一九九七年から二〇〇二年にかけて有明海全域を対象とした採泥調査を実施し、その結果、二〇〇二年四～五月の短期開門調査後の六月に有明海全域でのマクロベントスの急激な増加が確認された。八二地点で採集されたマク

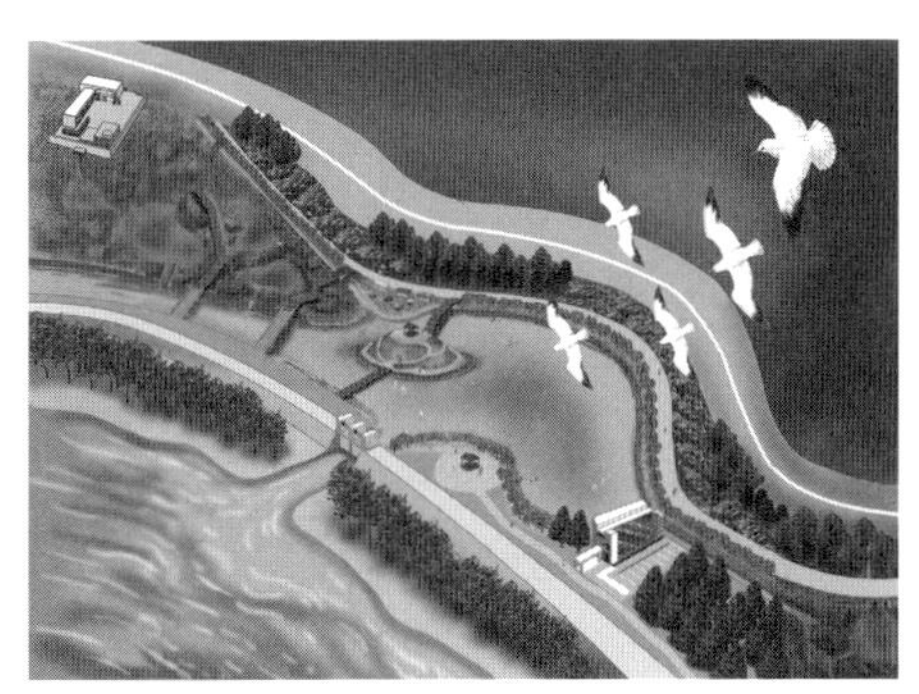

【図 78】古川沼と広田湾をつなぐ幅 40 メートルの水門の設置などを想定した図

【図 77】Benthos changes at the different timing; The opening was conducted during April and May for only two months 2002. Before and after no opening of the gate of Isahaya bay; Dr. Shinichi Sato and et al. From Interannual variation from 1997 to 2015 in bottom sediments and community structure of microbenthic fauna in the Ariake Sea, western Kyushu, Japan（資料；上述の論文 57 ページ Fig.4 からの抜粋）

ロベントスの個体数は一九九七年六月で二九、八八五個体、二〇〇二年六月では六二、三一四個体で、さらに二〇〇七年六月に一一、九九二個体となった。この傾向は諫早湾周辺のみならず、有明海全域に及んだ（図77参照）。

髙田松原防潮堤に幅四〇メートル、深さ二メートルで奥行き一〇〇メートルの広田湾と古川沼を結ぶ水路を設置して、海水と淡水の交流を図り、古川沼の生物生産性の向上を図る。合わせて遊歩道や海水浴場や米国との研究の協力を目指した環境科学研究センターを設置する（図78）。

その他

嵩上げ及び防潮堤工事を含む復旧事業の状況を可能な限り把握して古川沼、高田松原と広田湾の自然の変化を把握する。

復興工事の基本的考え

復興工事の基本は、地区別の嵩上げと切り崩し、それらの場所に災害公営住宅を建設し、宅地を造成すること。更に旧繁華街には商業施設を建設するための盛り土を施している。盛り土は概ね九・五ｍである。

建設中の防潮堤は一二・五ｍであるが、国交省は一一・五ｍまでの高さを主張し、陸前高田市は一五ｍを主張した。その中間を取った一二・五ｍの高さには東日本大震災レベルの津波を防げるだけの科学的な明確な根拠はない。第一線提は更に海側に飛び出ていて高さは三ｍ。第一線提と第二線提の間に隙間があり、ここを高田松原として再生し、かつて高田松原に成育していた松などを植えることが計画された。浜田地区の買収は遅れたが、その後着工した。

【写真 30】高田松原の防潮堤と古川沼。東日本大震災津波伝承館が建設される前の 2016 年 1 月

陸前高田市では、復興計画により震災前と同水準の人口二五、〇〇〇人台を掲げ、ゼロからの街づくりに着手した。壊滅した中心部の今泉地区では大規模な嵩上げを伴う被災地最大級の土地区画整備事業を展開し、施工面積は高田地区で約一八六ｈａ、今泉地区で約一一二ｈａで事業費は合計一、五〇〇億

円を超え、愛宕の山を切り崩した盛り土の総量は東京ドーム九個分にもなった。

二〇一七年に中心市街地においては大型商業施設「アバッセ」が開業し、高台の宅地引き渡しも概ね完了した（図79）。

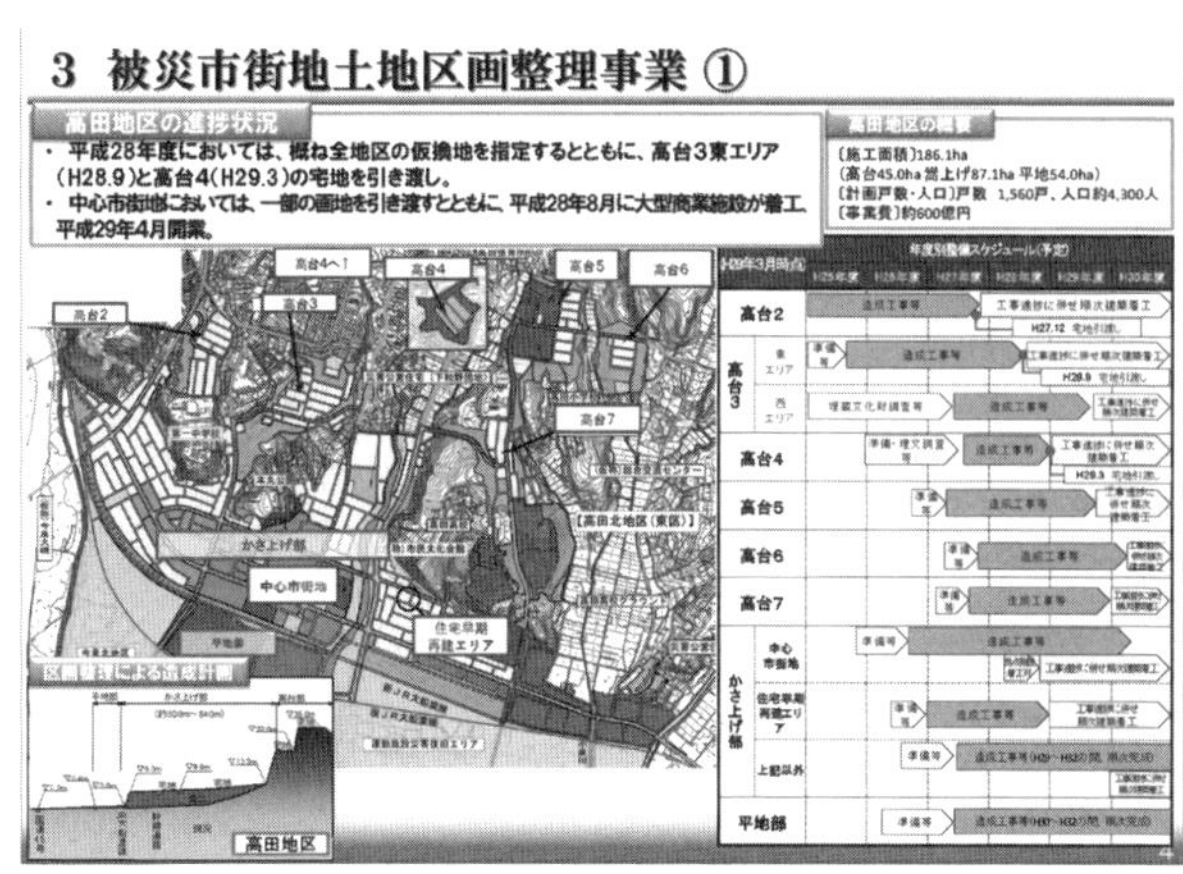

【図79】市街地の土地区画整理事業概要

仮設住宅と災害公営住宅の入居

仮設住宅は最大で二、〇八〇戸建設され、二〇一八年で入居している人は六三二世帯（二〇一八年一月三一日現在）である。最大五、六三五人が入居していたが、一、五八二人に減った（二〇一八年一月三一日現在）。退去した人々は災害公営住宅に入居したり、自力で住宅を建設したり、また、区画整理事業の区画分譲を待って自宅を建設している。災害公営住宅の入居率が約半分程度である地区での入居者も三〇〇件の定員に対して二〇〇件の申し込みにとどまり、一〇〇件程度の入居しか達成されていない。県営住宅は市役所付近の一棟だけであるが、最近は個人情報保護の観点から、居住者が名前を表示しないケースが多い。市営住宅の場合は、市役所を通じて名簿の入手が可能であるが県営の場合は、県が協力せず入居者情報がつかめないままでいる。

盛り土

盛り土は、旧大船渡線（海抜三・〇m）のところから山側に始まり、九・三mの高さから一二・二mの高さまで盛られる。現在旧大船渡線の海側の盛り土は、すべてこれから内側と山側の方に移動されるが、これらの土砂は全て気仙町の愛宕神社下の山林と斜面を崩した土砂で充当されている。矢作川周辺などでも土砂の採堀が行われている。愛宕神社は、気仙小学校近くの土地に移設・新築された。陸前高田市全体で一、七五六人が住宅を建設し五八〇人が災害公営住宅に入居。合計二、三六九戸が入居した。これから一、二五七戸が区画整理事業で住居を建設し、合計三、五六三戸が新居に居住することになる。

【写真31】気仙小学校の付近の高台からの高田町の眺望（2019年9月）

今泉地区の高台から市街地を展望

今泉地区の愛宕神社の山麓の傾斜斜面を切り崩した高台には、公営住宅と区画整理事業で建設する個人の住居が建設された。

商業地と古川沼周辺

商業地の本丸公園南部の中心市街地には、ショッピングセンターと図書館が二〇一六年の一一月から先行着工し二〇一七年の四月には完成。入居は二〇一七年四月二七日であった。震災前は、約七〇〇軒の商業施設や商店街があった。竹駒地区にある商店街もマイヤ商店など全て、この中心市街地に移った。

川原川のすぐ東側に、避難用の太い車線のシンボルロードが建設された。

古川沼や大船渡線の南側から防潮堤内にかけて、公園化された。震災メモリアルパークである「国営の追悼祈念施設」として建設された。二〇二〇年における来場者数は約六〇万人であった（国土交通省東北地方整備局東北国営公園事務所　二〇二一年一月六日談）。月平均五万人が利用するが、滞在型の訪問・観光客がほぼいない。また、陸前高田市の特徴はハードの建設物が多く、ソフト面が不足していること、一本松に象徴される維持管理のための予算が陸前高田市での単独で確保できない。

高田松原の再生には「津波に流された高田松原と古川沼を再生し、郷土の自然の再生を目指す。」とのスローガンが掲げられる。松原への松の植林は多数の人の応募があり、植林は一人一本とする予定である。第一線堤の沖側には更に砂州を再生し、その沖には消波堤を設置した。

古川沼の再生とは何か

高田松原の再生には、松苗の植樹を通じて松林を再生する取り組みがみられる。その活動は二〇一七年の植樹祭から開始されて四年目を迎えている。松原の再生も黒松と赤松の単調な針葉樹の再生である。震災前の高田松原は、下草や海岸の植物が生い茂り、また、高田松原の海岸には貝類や土砂性の動物や小型の魚類が生息し生物多様性が豊富であったが、そのような生物の多様性を陸域と海域の双方から、回復する取り組みが官民の双方から上がってこない。

【写真32】小友浦の防潮堤脇に積まれた工事残土

【写真33】工事残土からしみでている油

　古川沼については、地盤を固める工事が行われているが、その内容も市民には公表されない。最終的な外観と内容ははっきりしない。岩手県三陸事務所も最終形を持ち合わせていない（岩手県三陸土木センター職員談）。ましてや古川沼工事は生物学的な観点、生物多様性や古川沼の将来をどのように生物学的、生態学的に再生するのかなどの観点からのアイデアは不在であると思われる。

　川原川は古川沼に流入する河川の一つである。市街地の「アバッセ」の東隣を流れ、一部の緑地の再生が行われているがコンクリートの敷地を造成することが中心である。市民の憩いの場として親水性と生物多様性と環境に重点を置いた復興は行われていない。古川沼の生態系と自然の復興のビジョンが存在しない。周辺の施設を建設し、側道を固め、ハードを主体とした復興である。

　つまり、生態系、生物多様性と自然・環境には配慮されていない。これは防潮堤の建設と嵩上げ並びに砂利・土砂の採取と廃土の処理など陸前高田市が対象の範囲とする復興事業の全般に言えることである。防災とハード中心だけで、自然環境、第一次産業基盤への配慮と整備や住民の心に潤いを与える街づくりの観点、審美的、景観的な配慮が不足する。その典型の事例が二〇二〇年末での旧小友浦湿地への廃土投棄である。

新たに造られる「高田松原」

高田松原は、第一線堤と第二線堤の間の最大幅一〇〇m弱（平均的にはずっと狭く、基礎部分が邪魔することに留意）の空間に、土を入れてアカマツ、クロマツの苗を植える。土砂は三日市方面の工事で出た残土で、砂丘（浜堤）に堆積したものとは異質の小石混じりの砂っぽい土で、浜からの砂の打ち上げや吹上は期待できない。松林は、うまく育ったとしても「箱庭」とならざるを得ない。また、工事でかく乱された地下水や塩水がどうなっているか、さらに林床植生がどうなるかなど、計画立案時に明らかにしておくべき多くのことが不明である。

【写真33】小友浦を残土処分場として、工事残土で埋め立てた。

高田松原を守る会は、第一線堤と第二線堤の間の松苗植採地の八haのうち、二haの高田松原の再生を岩手県から任されている。そして岩手県と陸前高田市と連携を取り、（一財）ベターリビング（東京ガスなどが会員）や（一財）日本緑化センター他の協力を得て、二〇一七年（平成二九年）六月から、高田松原再生植樹祭を開始した。植樹本数は二〇一九年（令和元年）七月現在で、約九、〇〇〇本である。二〇一七年（平成二九年年）は三回の高田松原再生植樹祭などで、三、一〇一本の松苗を植樹した。二〇一八年（平成三〇年）は四回の高田松原植樹祭などで三、五二四本の松苗を植樹し、二〇一九年（令和元年）は四回の高田松原植樹祭などで二、二四七本の松苗を植樹した。その他に一九六本を試験地に植えているので、九、〇六八本である。二〇二〇年（令和二年）にも植樹祭を行う予定であったが、新型コロナウイルスの感染予防の対策のために休止になった。二〇二一年（令和三年）に植樹の予定である。植樹した中のひときわ背が高く目立つ黒松は、高田松原の由来の黒松で、たまたま、種子が手芸をする人の松ぼっくりの中に残っていて、それを培養して松苗を造ったもので、きわめて育成が良い（高田松原を守る会の会長「鈴木善久氏」二〇二〇年八月二五日）。

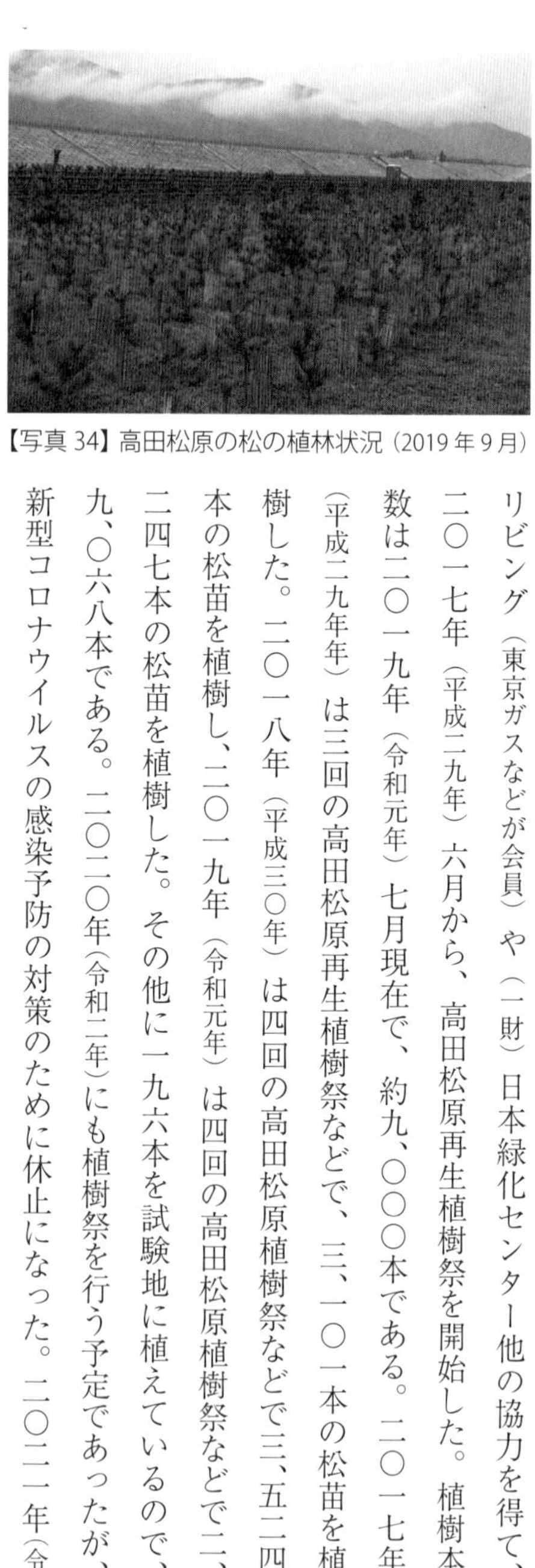
【写真 34】高田松原の松の植林状況（2019 年 9 月）

松原海岸の砂地は、砂が波浪によって削り取られている。東日本大震災によって破壊された高田松原は、三日市方面の工事から出た残土などを使い砂浜として補填したものだが、海岸の砂浜は、海から寄せてくる海藻類の有機物の堆積や海底から湧き出す地下水の圧力、河川からの土砂の流入などのバランスが微妙に絡み合って安定する。

大防潮堤建設によって高田松原の地下を流れる地下水が遮断されてしまった可能性は大きく、さらに気仙川の護岸工事や土砂の流出を抑える川底の床固め、気仙川の水の減少などによって河川から海への土砂供給量も減り、松原海岸の砂地は今後も後退していくものと考えられる。

既存の社会的情報や資料を可能な限り収集し、分析することで、前記の目的等を裏付け、総合的な把握を実現する。

社会構造の変化に伴う人の変化

戦前から戦後に、特に一九四七年以降一九六六年頃まで市街地は自然防潮堤付近の水田の転用で拡大してきた。一九七七年には水田の転用が進んだ。このため水田は西部と南西部にだけ残された。陸前高田平野への進出により、水田を中心にした農地の減少とそれに呼応した都市化や河川人工化などが進んだことにより、この地域において第一次産業の衰退と第二次・三次産業の拡大が進んだことは推測に難くない。実際に農業分野において、第二種兼業農家の割合が一九五五年の三六%から一九九〇年には八六%に急速に拡大し、その多くが日ごろ他産業で働き、合間に農業を行うものである（市史、一九九七）。

このような変化は、当然人々の生活を変え、地域社会における人の関係に影響した。さらに人々の感覚や意識、考え方などの変化を伴うものであろう。その一部として、「自然」に対する関わり方や感性の変化があり、「津波による脅威」に対する軽視などもそれらに伴い生まれた可能性がある。特にチリ地震津波後に市街地の拡張が南部方面にも拡大してきたことからTP五・五mの津波防止のための防潮堤と防潮水門がかえって、人々の安心感を助長したとみられる。これらの点を、水循環系に基づく自然の姿の変化との関係で検証していくことが今後の課題となる。

最近の陸前高田市の人口の減少と人口構成の変化

陸前高田市の人口は最盛期には三万人に達した。それが二〇二一年（令和三年）一月三一日では一八、六一八人である。また高齢化率が高く、六五歳以上と七五歳以上の人口の比率の増加が著しい。最も人口の減少が大きいのは一五～六四歳までの働き盛りで、国立社会保障・人工問題研究所の予想でも二〇〇五年から二〇三五年までの見通しでは、半減する。〇～一四歳の若年層も四、〇〇〇人が二、〇〇〇人に減少する（二〇一五年報告書）。また第一次産業の就業者も二〇〇五年（平成一七年）には一、九〇〇人であったが、二〇一五年度（平成二七年度）の国勢調査では一、〇九七人と半減している（陸前高田市水産業振興計画）。一方で広田湾漁協の正組合員数は二〇〇九年（平成二一年）の七三八人から二〇一八年（平成三〇年）の五二二人に二一六人も減少した。年間に二二人ずつ減少したことになる。このままでは単純に計算すると一〇年後には三〇〇人の組合員となる。このような中で陸前高田市の基幹産業である第一次産業の農林水産業をどのように振興するのかは、将来の陸前高田市の経済力と雇用・就業を占うものとなる。

（参考）二〇一一年三月一一日東日本大震災津波による被害（二〇一七報告書　望月）

二〇一一年に発生した東日本大震災津波により、広田湾とその周辺陸域は壊滅的な被害を被った。陸前高田市では、全住民二四、二四六人中の七・二％にあたる一、七五七人が犠牲（死亡＋行方不明）になっている。内訳は、高田町で七、六〇一人中一、一七三人（一五・四％）、気仙町で三、四八〇人中二六〇人（七・五％）と、両町だけで犠牲者全体の八二％近くに及んだ。標高が低く、平坦な氾濫平野（沖積平野）という特徴から、集中的な被害を出したのだろう。これらの住民は戦後の市街地の拡張で旧水田地に進出した宅地や事務所に居住、または、働いていた人々であった。また、気仙川沿いの竹駒町、海岸に接している米崎町と小友町ではいずれも三％台という上記二町に次ぐ被害が出た。

世帯被災率では、地震と津波により九九・五％が何らかの被害にあっている。地震によるものでは、全八、〇六九世帯のうち三、九六七世帯（四九・一％）で、そのうち三、九四三世帯（九九・四％）が一部損壊で、全壊等の深刻な被害は少なかった。一方、津波被害はこれに比べ深刻であった。津波では四、〇六三世帯（全体の五〇・四％）が被災し、そのうちの三、八〇一世帯（被災世帯の九三・六％）が全壊であった。その中でも、高田町では世帯数二、八四〇のうち二、〇四七（七二・一％）、気仙町では一、〇八一のうち八五〇（七八・六％）、米崎町では九三七のうち三〇三（三二・三％）、小友町では六三四のうち二二七（三五・八％）、竹駒町では四二四のうち六一（一四・四％）が、それぞれ津波による全壊被害を受けている。

以上から、津波による家屋全壊率がほぼ同じ割合の高田町（七二・一％）と気仙町（七八・六％）で人的被害がそれぞれ一五・四％と七・五％と、高田町の人的被害の大きさが際立つ。これについては、標高の高い場所（建物などを含む）までの距離、津波に対する準備状況や意識の違いなどがあげられる。

公共施設では、全壊したものとしては市庁舎、中央公民館、図書館、博物館、市民体育館、B&G海洋センター、市民会館、気仙地区および広田地区のコミュニティーセンター、トレーニングハウス、埋蔵文化財収納庫、ふれあい教室、ふれあいセンター、消防庁舎・消防屯所一五棟、今泉保育所、気仙小学校、気仙中学校、小友中学校、広田中学校、広田診療所、陸前高田浄化センター、下矢作浄化センター、矢の浦浄化センター、広田浄化センター、高田ポンプ場、勤労青少年ホーム、専修職業訓練校などである。

他に半壊一一か所、一部損壊二一か所、土地被害三か所などがある。沿岸防潮堤は一五か所全てで被害があった。この結果から、災害時の司令塔になるべき市庁舎、消防庁舎・同屯所などがその機能を失ったこと、社会的財産を未来に伝えるべき埋蔵文化財収納庫、博物館、図書館などがその資料を失ったこと、人が多く集まる学校や集会施設などの被災も大きかったことなどが特に重大な問題として指摘できる。さらに、県立高田病院も災害時重要拠点でなければならない施設であるが、甚大な津波被害を受けた。

二〇一一年の東日本大震災津波関係復興事業

二〇一一年東日本大震災津波では陸前高田平野を中心に市の全海岸域が甚大な被害を受けた。その直後、極めて短期間に、海側に開けた海岸に防潮堤や防潮水門を建設すること、平地の嵩上とそこでの新市街地造成、嵩上しない海岸部は自然の仕組みと無関係な公園等事業などの復興事業が決定され、急速に推進されている。これにより、二〇一一年より前の地域の自然や社会がなくなり、人工的に作られた新たな地域の自然と社会に移行しつつある。

陸前高田市と岩手県の資料（web情報一四、一五）によると、高田海岸と気仙川河口付近の事業は、二〇一一年東日本大震災津波より低い「想定宮城地震」を防ぐことを目的に、地盤沈下で水没した陸域の埋め立てによる復旧、気仙川河口から浜田川河口までの高田海岸の一二・五m高の防潮堤・防潮水門建設、浜田川河口から脇之沢漁港（米ヶ崎半島）までの同じ高さの防潮堤建設からなる。これにより気仙川河口から米ヶ崎半島までの海岸は全範囲を一二・五mの高さの壁で囲われることになった。米ヶ崎の東側の勝木田漁港は、地権者の反対により防潮堤の工事が遅れたが、それも現在では進捗している。広田町泊漁港など主要な浜では、海と陸域居住空間の間を全面的に仕切る防潮堤が建設され、その内側からは高台に上らない限り海は全く見えない。これでは、海が観察できずに、津波到達時に、住民が適切な逃避の判断ができるかどうか、また、普段の生活に、海との十分な接点が持てるかどうか、また、かつては頻繁になされた海水浴などの親水性の活動が後退するなどが懸念される。このためのむしろ防災に対する能力が低下することの懸念が生じる可能性もある。

この事業に並行し、陸前高田平野の広い範囲（高田地区、今泉地区）で嵩上による新市街地建設が進められている。嵩上高は高田地区では新JR大船渡線北側で九・三m（南端）から一二・二m（北端）である。今泉地区では河川堤防とその際の平地部が高さ五・五m、平地部に接する嵩上げ部が九・三mから始まり次第に上昇し山際で一二・五m（宅地予定地）、そこから斜面を経て土砂採取で出来た高台部が二〇・六m（宅地）、その奥に三陸沿岸道が通る。これらの嵩上用土砂は、今泉地区の気仙川右岸に臨む丘陵（山）地（今泉地区）を削りそれにあてるなどし、これらによりできた平地を宅地移転用地とした区画整理事業が進められている。

【第Ⅱ章】最新の世界の海洋生態系管理

1　陸・海洋生態系の回復への国際社会の動き

進む海洋生態系劣化―欠ける温暖化対策―

国際社会は科学的根拠に基づく漁業と養殖業制度を進化させた。ノルウェーでは、ＩＶＱ（個別漁船割当）制度と養殖制度の第二段階への改革が進んだ。米国では一九九〇年ＩＦＱ（個別漁業割当）導入から、二〇一〇年キャッチシェアプログラム（ＣＳＰ）に移行した。二〇一七年からは七年毎の環境・生態系と経済データの蓄積も進んだ。二〇二〇年末の漁業保存管理法（ＭＳＡ）の改正法案は気候変動に対応する科学をベースにした海面・海岸の管理への移行を目指す。

米国ではロブスターがニューヨーク州などからメイン州やカナダに北上し、豪州ではロブスターが豪州本土からタスマニア州に南下した。日本でもサケは急速に減少し、二八・七万トン（一九九六年）の漁獲は五万トン（二〇二〇年）となった。北方に位置する米国ベーリング海とロシアのサケの回帰は増加していたが、ロシアも二〇二〇年には前年を四四％下回る漁獲となった。

日本のサンマ漁獲は五七・五万トン（一九五八年）から三万トン（二〇二〇年）を割った。そのほかスルメイカ、沿岸域でのウニ、アワビの減少も著しい。養殖業の生産も減少している。

生態系回復求めるSDGs

二〇一五年の国連サミットで持続可能な開発目標（SDGs）が採択された。ＳＤＧｓ第一四項（海洋資源）の第一四・二項は「二〇二〇年までに海洋及び沿岸域の生態系に関する重大な悪影響を回避：海洋及び沿岸の生態系の回復の取組を行う」。第一五項（陸上資源）では「陸域生態系の保護、回復と持続可能な利用」が盛り込まれた。

世界では堤防やダムが二〇五〇年に予想される海面上昇と温暖化による河川水の増水と大型ハリケーンに対応できない、環境の改善が必要との観点から、コンクリートを中心にした堤防や河川堤防（グレープロジェクト）に植物を植生し、むしろ堤防を撤去して、氾濫原に河川水を引き入れることで防災と環境（グリーン・プロジェクト）を両立する方向に向かっている。

左上；伝統的な方法：堤防で囲まれる。
右上；生態系に基づく沿岸の保護：堤防を撤去し湿地帯を活用。
左下；堤防と横に突き出た堤防。
右下；横堤防を撤去し、沖に堤防を設置。

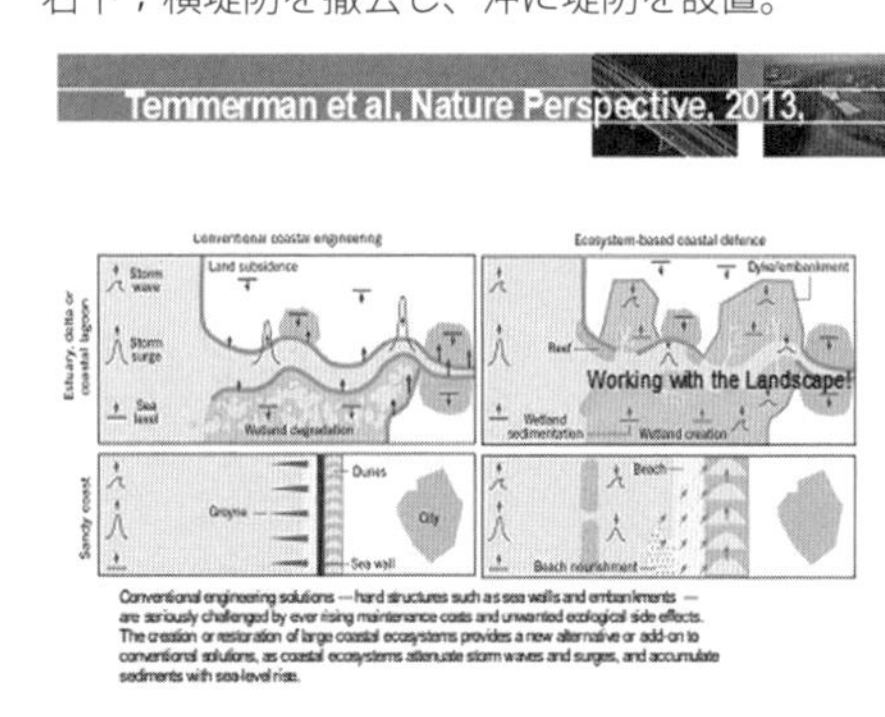

【図1】自然生態系を活用の防災事業
オランダの例（Deltares〈デルタレス〉研究所提供）

日本でも高度経済成長期に浄化作用や生物多様性を持つ優良な干潟、砂州と藻場を埋め立て、農地、工場と商店と宅地が造成されて、都市化が進んだ。上流ではダムや堰ができて、水資源は取水され、水流が阻害され、ダムには土砂が堆積した。また川砂利が取られた。工場排水と都市下水が海に流れ込んだ。また台風時と大雨時には一度に大量の水量が河川内に閉じ込められ、海に流れ込む。

米国大西洋州海洋水産委員会は人為的な工作物が魚介類・動植物の沿岸域の生息場を奪い、魚類のアクセスを阻害、仔稚魚・幼生の移動経路を遮断したと指摘。汚染（濁度）の増加と外来・移入種の増加を脅威として上げている。

地球環境への負荷削減を

国連食糧農業機関（ＦＡＯ）はコロナウイルス感染症（COVID -19）によって二〇二〇年の世界の養殖業生産量は一・三％減少し、天然漁業生産量も減少すると予想する。資源調査、モニタリング、取締りとオブザーバー活動も減少し、資源・漁業管理が不徹底となる懸念がある（ＦＡＯ報告二〇二〇年一一月六日）。

国連開発計画（ＵＮＤＰ）は，人類は地球環境へ負荷を削減することが次世代のフロンテイア政策であり、各国は将来政策を再構成するべきとしている。コロナウイルス感染症は人類世紀（Anthropocene）の象徴で、地球への負荷を改めない限り、将来もパンデミックに襲われると警鐘を鳴らした（二〇二〇年一二月世界開発レポート二〇二〇）。

【写真 1】埋め立てられ残土置き場となった小友浦（2020 年 10 月、著者撮影）

【写真 2】米スミソニアン環境研究所・アンダーウッド社が造成した湿地帯

2　二〇一五年国連持続可能な開発目標の採択と実行

進む海洋生態系の悪化—取り組み急がれるSDGs—

高度経済成長期から現在も、我が国の沿岸域は干拓で埋め立てられ、農地、工業用地と都市化による住宅地と防災堤防に変容した。その結果、都市下水、工業廃水が海洋に流れ込み、自然の浄化機能も落ちこんだ。水質汚濁防止法、瀬戸内海環境保全特別措置法はじめ海洋基本法や水循環基本法も成立、施行されたが、海水温の上昇、干潟や湿地帯の埋め立ての継続などから漁業・養殖業生産量は減少し、海洋と沿岸の悪化は進んでいる。

【写真3】国連本部のSDGsのパネルの前で
（2019年5月ニューヨーク市国連本部）

国連は二〇〇〇年を契機に、貧困と不平等や環境問題に対する取り組みを高め、HIV/AIDS（ヒト免疫不全ウイルス／後天性免疫不全症候群）とマラリアの戦い、持続的開発への取り組みなどついて八つの目標を定めたミレニアム開発目標（MDGs）を二〇〇〇年九月に採択した。

その後、二〇〇二年九月のヨハネスブルク会合は持続的開発の推進の努力などを再確認するにとどまった。

それまで国連は、発展途上国支援を中心に取り組みを行ってきたが、地球温暖化、海洋の状況の悪化や持続的なエネルギー使用（二酸化炭素の排出削減）を先進国の問題として位置づけた。そして、二〇一五年九月、国連は全世界を対象とした持続的開発目標（SDGs）を採択した。一九九二年リオデジャネイロの環境開発の会合の流れを受けてリオ＋20として二〇一二年開催会合も、これを後押しした。

SDGsは一七目標に増え、水生態系の保護と回復、持続的産業・技術革新とインフラ整備、地球温暖化、陸と海洋生態系保護と回復を訴えた。それぞれに相互関連を持たせ、包括的な取り組みの重要性を指摘している。

有害物汚染と廃棄物削減―海洋生態系回復と良質水循環―

SDGsはその冒頭で「すべてのひとが持続可能な開発を促進する知識と技能を獲得すること」を訴える「目標4（教育）」。一人ひとりが、海洋汚染、海洋生態系に関し知識を持つ重要性を述べる。

海洋、湖沼、河川と地下水も水から構成される「目標6（水と衛生）」。「二〇三〇年までに汚染を削減し、投棄を無くし、有害化学物質の放出を最小限にする。山脈、森林、湿地帯、河川、地下水と湖沼の水系生態系の保護と回復」を謳う。これは海と水資源を健全に保つ基本である。

持続的生産と消費を指摘する「目標12（持続可能な生産・消費）」。生活の全サイクルで化学薬品とゴミを環境にやさしく管理する。使用の禁止、使用の削減とリサイクルを通じたごみの大幅削減を求める。

二〇二五年までに全種類の陸上起源活動の海洋汚染を大幅に削減する「目標14（海洋資源）」。海洋・沿岸生態系を持続的に管理・保護する」。

また、二〇二〇年までに特に森林、湿地帯、山脈と乾燥地帯の陸・内水の淡水生態系とそのサービスの保全、

【表 1】有害物汚染・廃棄物削減・生態系回復と
水質改善に関する持続可能な開発目標（抜粋）

4　質の高い教育を…	4.7	2030 年までに、持続可能な開発ならびに持続可能なライフスタイルのための教育、人権、男女の平等、平和及び非暴力的文化の推進、…全学習者が持続可能な開発促進に必要な知識及び技能を習得…。
6…水と衛生へのアクセスと持続可能な管理…	6.3	2030 年までに、汚染の減少、投棄の廃絶と有害な化学物・物質の放出の最小化、未処理排水の割合半減及び再生利用と安全な再利用を世界規模で大幅に増加し、水質を改善。
	6.6	2020 年までに、山地、森林、湿地、河川、帯水層、湖沼を含む水に関連する生態系の保護・回復を行う。
9 産業と技術革新…	9.4	2030 年までに、資源利用効率の向上とクリーン技術及び環境に配慮した技術・産業プロセスの導入拡大を通じたインフラ改良や産業改善…。
12…生産と消費	12.4	2020 年までに、…製品ライフサイクルを通じ、化学物質や全ての廃棄物の環境上適正な管理を実現し、…化学物質や廃棄物の大気、水、土壌への放出を大幅に削減。
	12.5	2030 年までに、…廃棄物の発生防止、削減、再生利用及び再利用…。
	12.8	2030 年までに、自然と調和した持続可能な開発及びライフスタイル…情報と意識を持つ…。
14 海の豊かさ…	14.1	2025 年までに、海洋ごみや富栄養化を含む、特に陸上活動による汚染など…海洋汚染を防止、大幅に削減。
	14.2	2020 年までに、海洋及び沿岸生態系への重大な悪影響を回避するため、強靱性（レジリエンス）強化などによる持続可能な管理と保護を行い、…海洋及び沿岸生態系を回復…。
15 陸の豊かさ…	15.1	2020 年までに、…森林、湿地、山地及び乾燥地をはじめとする陸域生態系と内陸淡水生態系及びそれらのサービスの保全、回復及び持続可能な利用を確保。

国連資料から筆者作成

回復と持続利用を確保する「目標15（陸上資源）」と宣言する

上記のSDGsの達成は水産行政の域を超える。しかし、水産行政が主体となり時宜を得て確実に達成する事が日本の水産業・漁業の回復に必須であり、それなしでは、回復は困難であろう。取り組みが急がれる。

3　国際食糧農業機関（ＦＡＯ）――持続可能な農業と海洋生態系――

海岸・干潟を喪失―埋立、都市・農業排水で―

我が国の漁業・養殖業はこの三〇年余りにわたり減少した。海岸と干潟の埋め立て、森林の伐採と工場・都市建設が原因の一つであるとみられる。瀬戸内海工業地帯、京浜・京葉工業地帯と北九州工業地帯、八郎潟や中海、諫早湾などで多くの沿岸の良好な漁場を工業用地、都市化と農地造成のために失った。

河川水の工場と都市への供給で栄養分の良好な水が取水され、汚染物質を含む排水で陸・海洋生態系が劣化し海洋の生産力が低下したとみられる。

また、農業からの過剰栄養・肥料・農薬と糞尿の流出と荒廃した土壌の海洋への流入も問題としてあげられる（豪州グレートバリアリーフ海洋公園局や米国スミソニアン環境研究所）。

防災から一方的に河川に水を閉じ込めて、大量に一時的に海洋に流出し、海洋生態系に物理的かつ化学的に被害をもたらす。

我が国には江戸時代、氾濫原や農地に氾濫する河川水を引き込む防災があった。この自然防災は欧米諸国では、先進的かつ強靭な手法として、現在、科学的にも効果的と再認識される。

失われる農地の強靭性

国連食糧農業機関（ＦＡＯ）・農業・消費者保護・気候生物多様性・土地水局は以前、農業灌漑局であったが、現在では、消費者保護対策と気候変動と水資源対策も含め、組織が改変された。

FAOは世界の農業・畜産業も数々の問題があると認識しているという。（FAO同局専門家二〇一九年二月談）。

【写真4】FAO専門家との会食：FAO法務局 Blaise Kuemlangan 法務官（左）、植物生産保護部 Abram J.Bicksler 農業官（右）と中央は筆者（2019年2月）

昨今の大規模な食糧・農業生産システムは経済の観点に立てば、世界市場に対して大量の食糧を提供することには成功しているが、自然、環境と生物多様性を維持しつつ人々に対して持続的な開発と農業を提供できていない。過剰な肥料の投入、殺虫剤・除草剤の使用で農地が荒れ、地下水と河川水が汚染され、土壌が劣化し、農地の適性も失っている。また、大量生産品目に極端に集中し、災害や病虫害が起こりやすく、農地の強靭性が失われている。

森林の荒廃や水資源不足と畜産業からのメタンガスの放出も問題を生み出している。

関心集めるアグロエコロジー

アグロエコロジー（Agroecology：農業生態学）はこれらの問題に関して、将来の世代のニーズに合った解決のためのアプローチを提供している。このアグロエコロジーという概念は何も新しいものではない。最近の農業の持つ中長期の観点から見た持続性不足や地球温暖化やそれに付随した食料生産システムで年々、人々の関心を集めている。

アグロエコロジーの要素は、二〇一五年に国連で採択された持続可能な開発目標（SDGs）のいくつかの目標（ゴール）にも大いに関係する。それらは多様性のある農林漁業を協働しつつ、相乗効果を上げ、効率的

【表 2】海洋生態系に影響を及す水、農業、森林と気候変動に関する
持続可能な開発目標（SDG s）（抜粋）

目標	番号	内容
目標 2：飢餓の撲滅	2.4	2030 年までに、生産性を向上させ、生産量を増やし、生態系を維持し、気候変動や極端な気象現象、干ばつ、洪水及びその他の災害に対する適応能力を向上させ、…持続可能な食料生産システムを確保し、強靭（レジリエント）な農業を実践する。
目標 6：安全な水	6.3	2030 年までに、汚染の減少、投棄の廃絶と有害な化学物・物質の放出の最小化、未処理の排水の割合半減及び再生利用と安全な再利用の世界的規模で大幅に増加させることにより、水質を改善する。
	6.6	2020 年までに、山地、森林、湿地、河川、帯水層、湖沼を含む水に関連する生態系の保護・回復を行う。
目標 13：気候変動対策	13.1	全ての国々において、気候関連災害や自然災害に対する強靱性（レジリエンス）及び適応の能力を強化する。
	13.2	気候変動対策を国別の政策、戦略及び計画に盛り込む。
目標 15：陸の豊かさ	15.1	2020 年までに、国際協定の下での義務に則って、森林、湿地、山地及び乾燥地をはじめとする陸域生態系と内陸淡水生態系及びそれらのサービスの保全、回復及び持続可能な利用を確保する。
	15.2	2020 年までに、あらゆる種類の森林の持続可能な経営の実施を促進し、森林減少を阻止し、劣化した森林を回復し、世界全体で新規植林及び再植林を大幅に増加させる。
	15.4	2030 年までに持続可能な開発に不可欠な便益をもたらす山地生態系の能力を強化するため、生物多様性を含む山地生態系の保全を確実に行う。

国連資料から筆者翻訳

に原材料をリサイクルし、土地、自然の適合種を栽培し強靭性を持つ。農林漁業者として価値と自信を持ち、食文化の伝統を継承し、生産物の透明性・ガバナンスを担保し、マーケットとの連携・連帯を保つことである。今後、問題は単体では解決できない。各分野が協力し、お互いに情報交換とコミュニケーションを図り、協働し相乗効果を上げることが鍵である。

農業を持続的に、かつ環境や自然にやさしく営むことが海洋生態系にもプラスとなる。

4　ユネスコ世界水評価計画研究所と水資源

日本の主導で発足したWWAP

　ユネスコ（UNESCO）のイタリア・ペルージャ市にある「世界水評価計画」（WWAP: World Water Assessment Program）研究所を二〇一九年に往訪した。ユネスコが水資源の管理に取り組むようになったのはUNESCOの事務局長に日本人の松浦晃一郎氏が就任（一九九九年一一月〜二〇〇九年一一月の二期一〇年）した後で、彼が主導性を発揮して世界水評価計画を開始した。水問題の解決を通じて、社会・環境の改善と世界の紛争の解決への貢献が目的であった。現在も世界では約一〇億人が清浄・安全な水へのアクセスがない。

　日本の提供で信託基金が設立され「世界水評価計画」は二〇〇〇年から運営が開始された。二〇〇〇〜二〇〇六年までの六年間は日本の支援があった。

イタリア・ペルージャに研究所

　二〇〇六年からはイタリア政府が世界水評価計画研究所をイタリアの国内に設置することを条件として、財政支援を決定した。ペルージャ市に研究所の設置が決定した。

世界水評価計画の目的はユネスコ、国際労働機関（ＩＬＯ）、世界保健機関（ＷＨＯ）、国連食糧農業機関（ＦＡＯ）や国連環境計画（ＵＮＥＰ）などの三一に及ぶ国際機関の水資源関係の事業・研究（ケーススタディなどを含む）を調整する大役である。毎年「世界水資源開発報告書」を作成し、世界の政治リーダーに対して、水資源を取り巻く諸問題について、状況を簡潔に説明し、理解を得て適切な行動を促すことである。

【写真 5】ペルージャの世界水評価計画研究所
（2019 年 2 月、著者撮影）

【写真 6】Stefan Uhlenbrook 研究所長と著者
（2019 年 2 月）

現在の研究所職員は専門家が五名程度で事務職員を入れて一四名程度である。

今後の問題は、イタリア以外の資金拠出国ドナーが見当たらないことでSDGs（持続可能な開発目標）の二〇三〇年までの目標の達成も困難である。日本を含めた複数国の支援が必要である。

重要な水資源と生態系サービス

日本を含め、世界の水需要の七〇％は農業用である。従って、農業用水の削減、再利用と浄化は水問題の解決に大きく貢献する。

【写真7】世界水開発報告書2018年版；
自然に基づく解決

ところで、一九〇〇年以降世界では六四～七一％の天然湿地帯が人間活動によって喪失した。また、世界の地表の三〇％は森林であるが、その三分の二以上が劣化している（世界水資源開発報告書）。日本でも、戦後六〇年（一九四五～二〇〇五年）では全国の干潟の四〇％が、大都市の内湾（東京湾、伊勢湾と瀬戸内海）では五〇～九〇％が消失したとされる（花輪二〇〇六）。その結果、富栄養化が進行し、赤潮と貧酸素水塊が発生したと考えられる（花輪二〇〇六）。

現在の日本は針葉樹林が多く、間伐ができず立木が放置され、保水力が弱い。一方、広葉樹林は根を広く張り、保水力も強く、落葉は分解後栄養分を提供するが伐採が進んだ。

ランドスケープ（土地・土質）を形成する生態系プロセス・機能が水資源の清浄度・クオリティーに影響する。土壌形成、侵食並びに沈殿土壌（セディメント）の輸送も重要な要因である。また、微生物、動植物の生物多様性が清浄で、かつ栄養豊かな水の提供と、浄化作用のある生態学的サービスを提供する。生態系サービスが正常に機能すると海洋生態系と漁業生産にも良好な状況を生じる。これらの機能を「自然を基礎とする解決策（Nature Based Solution; NBS）」という。

世界水資源報告書はケーススタディー（事例研究）を盛り込むことを重視している。残念ながらＮＢＳに関する日本でのケースは少ない。日本のケースは東日本大震災後の水力発電の重要性がある。日本の理解と認識の高まりが期待される。

5　国連海洋・雪氷圏特別報告書と温暖化の進行

沿岸域で影響大きい地球温暖化―国連海洋・雪氷圏報告書も警告―

二〇一九年一二月に国連気候変動枠組条約第二五回締約国会議（COP25）が開催された。気温の上昇を産業革命以前に比べて二℃以内に抑えることや石炭からの脱却を目的とするが、海の現場の現実（二〇二〇～二一年に行った広田湾、広島湾と駿河湾と石巻湾と流入河川の気仙川、太田川、富士川と北上川などの調査）を見ると温暖化の影響と環境の悪化はもっと厳しい。

私のふるさとの広田湾の夏場の水温は、二六℃（二〇一九年）から三〇℃（二〇二〇年）に四℃も上昇した。問題は冬の最低気温が五℃から八℃まで上昇したことで、これはカキの冬の栄養の蓄積を阻害した（岩手県広田湾二〇二〇年）。津波の防災工事の影響で最近では河川・沿岸域の湿地帯、藻場や干潟並びに氾濫原が喪失し、海水を冷

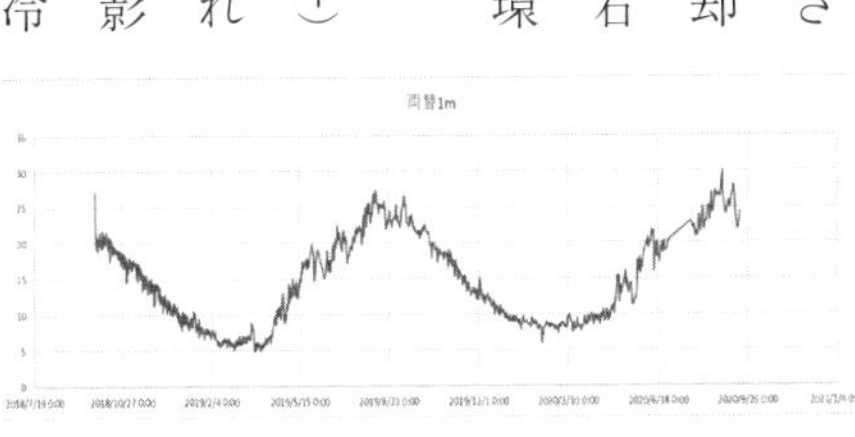

【図２】岩手県広田湾両替地区表面一メートルの水温の推移（2018年９月から2020年９月まで。資料；一般社団法人生態系総合研究所）

却する河川水と地下水が少なくなり沿岸域や海水温の上昇は大きい。

沿岸域の悪化で漁業衰退

ところで我が国の漁業・水産業の衰退も激しい。漁業生産量は一二八四万トン（一九八二年）が昨年二〇一九年には四一六万トンまで減少している。一九九六年に二八・八万トンを記録したサケは昨年、五万トン強である。一時は四三・九万トン（二〇一二年）の漁獲量を誇ったサンマに至っては史上最低の漁獲量約三万トンであった（二〇二〇年）。

沿岸域が悪化し、生物多様性を喪失すれば、漁業にも悪影響を及ぼす。餌とする海洋生物資源も生きてはいけない。

海洋生産の全レベルで影響―沿岸域の藻場縮減：ＩＰＣＣ―

国連気候変動に関する政府間パネル（ＩＰＣＣ）が二〇一九年九月二五日に「海洋・氷雪圏特別報告書」を発表した。第五章で「変化する海洋と海洋生態系と依存する地域社会」としてまとめ、警鐘をならす。

報告書は「海洋は人間の福祉と生存のために基本的なものである。気候の制御やエネルギーのやり取り、炭素循環及び栄養のサイクルに重要な鍵となるものを提供する。」と述べる。

さらに「人間活動からの炭素の排出は海洋の温暖化の原因であり、酸性化、酸素のロスと栄養の循環の変化と第一次的生産にも影響している。海洋温暖化は海洋生産の全てのレベルで影響を及ぼしている。」と強調する。

そして報告書は「海洋の温暖化は二〇〇五年以来進行し悪くなる一方である。二〇〇〇メートル以深の海溝でも温暖化が進行している。最近は、海洋温暖化の速度が速まっている。」とさらに警鐘を鳴らす。

沿岸域は農業、産業や人間活動（人口密度が高い場所に隣接した場所）によって、陸上からの排出物が数多く流れ込む。陸上の影響が極めて強い。

報告書は「沿岸域は浅海域でアマモ場やケルプ（大型の海藻）場が縮減しており、特に熱帯域の特定の場所では三六～四三％も失っている。大規模なサンゴ礁の白化現象が起こっている。」と述べる。

激しい海洋の温暖化

報告書は「RCP（代表的濃度：温暖化：経路）二・六のシナリオ：「低位安定シナリオで一〇〇年間に一℃気温が上がる」とRCP八・五：「温度の上がりが高い参照シナリオで一〇〇年間で二℃気温が上がる」の二つを示している。

二一〇〇年までに一九七〇年に比べてRCP二・六で海洋温暖化は二～四倍、RCP八・五では、五～七倍進む。

酸素も二〇〇六／一五年に比べて二〇八一～二一〇〇年までに三・二～三・七％（RCP八・五）、一・六～二・〇％（RCP二・六）減少する。

漁獲量二五・五％減少予測

最大漁獲量（生物量）の減少は九・一％（RCP二・六）以下、二五・五％（RCP八・五）以下である（下図参照）。

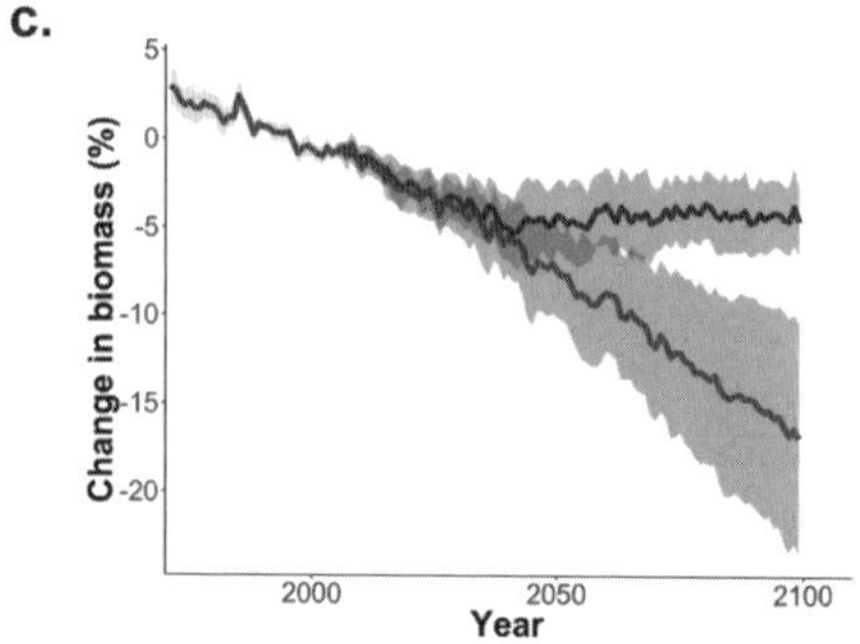

c.

Change in biomass (%)

Year

【図3】国連　濃い線はRCP2.6のシナリオで生物量は9.1%最大減少する、薄い線はRCP8.5のシナリオで生物量は25.5%減少する。縦軸は生物量。本文ではこれを漁獲量の減少と見込む

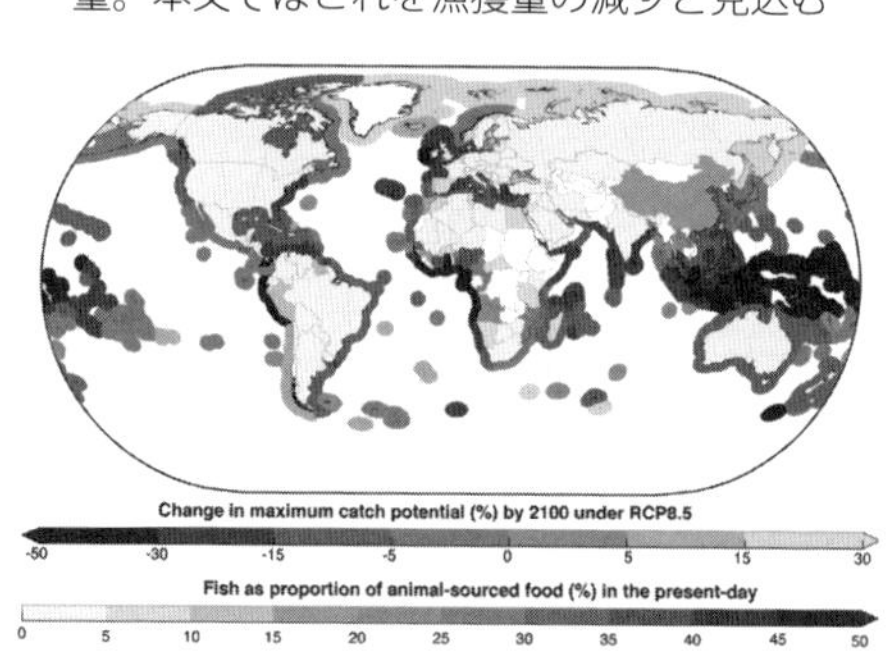

【図4】国連　海面の濃淡はＲＣＰ8.5シナリオでの2100年までの漁獲量の減少（陸域の色彩は現在の動物性たんぱく質に占める魚の割合）

このような海洋生物量の減少は漁業に依存する地域社会の収入の減少に直結する。

日本の沿岸域の水温の上昇は著しい。ＲＣＰ八・五シナリオで済まない可能性が高い。二五・五％すなわち四分の一で済むのであろうか。これを回避し、上方転換する政策を早急に樹立し、実行することが重要である。

6　国連海事大学と海事と漁業の複合教育へ

海事と漁業の複合教育目指すWMU—多様な海事専門家を育成—

国連の世界海事大学（World Maritime University：WMU）は一九八三年に国際海事機構（ＩＭＯ）の決議によって発足した。教育と調査並びに国力の増強を通じて、ＩＭＯとその加盟国の海事に携わる指導的人材の育成・確保を目的とする。大学は、博士課程と修士課程を持つ。多用な専門分野に対応するため海事保険、海事エ

ネルギー、国際海事法などの教育とも連携している。

世界的な海事国のスウェーデンが大学のホストで、海事の中心のマルメーの入出航する船舶を監視するコントロール・タワーの跡地にＷＭＵは設置された。

生活費は電気代や水道代程度でスウェーデン政府がほぼ全額を支払う。プロジェクト資金も拠出する。

最重要資金は学生への奨学金だが、これが不足している。学生は、加盟国の政府や組織から派遣されるが、その間は休職状態で、勉学を奨学金が支える。

【写真 8】国際海事大学のキャンパス。マルメー（2020 年 3 月 5 日）

【写真 9】クレオパトラ学長と会食する著者（2020 年 3 月 4 日マルメーにて）

学長の仕事は人材育成の奨学金集め

クレオパトラ（Cleopatra Doumbia-Henry）WMU 学長はドミニカ連邦の出身である。著者も一度お会いした同国のユージン・チャールズ首相は、捕鯨の持続的利用で日本と共闘した。チャールズ首相はクレオパトラ学長の母方のいとこである。

クレオパトラ学長は一一人兄弟の二番目に生まれ、修道女高校が奨学金を出しバルバドスの西カリブ海大学法学部の修士課程を経て、スイス政府の奨学金を得て博士課程を終えた。

一九七〇年代、海洋法と海洋生物専攻者では埋没するので海事分野に進み、海事労働環境を専門にし、自身の専門分野を確立した。

本国政府から国連海洋法のフォローを要請され、実地で経験

国際労働機関（ＩＬＯ）に二六年間就労した。海事労働問題専門家となった。上司に恵まれ二〇一五年、ＩＭＯの関水康司事務局長からＷＭＵ学長就任を要請された。

ＷＭＵは発展途上国の学生の教育が主たる任務である。海事の知識をつけ、帰国後活躍する人材に育てる。クレオパトラ学長が就任当時は博士課程の学生は四名だったが現在では三五名にまで増えた。修士課程の学生は一二〇名である。奨学金で運営されるので、不足する場合には一一〇名程度となる。

海事と海洋・水産の総合教育へ

ＷＭＵの現在と将来の課題についてクレオパトラ学長は「海事に加えて海洋の問題がますます重要で、海洋生物資源・漁業の問題を取り扱いたい」と語る。発展途上国にとって漁業は身近な生業にも関わる問題であり、海事と漁業・水産業を一緒に扱うことを大学の柱にすべく新担当人材も雇うが、まだ弱い。ＷＭＵは

海洋・漁業・水産のコア・プログラムを検討中である。

日本の水産改革を著者が講演

私は二〇二〇年三月にＷＭＵで、日本での漁業・水産業の改革の取り組みについて講演した。学生ならびに教員六〇名が聴講した。質問が活発で一部を紹介する。

問一：この改革は実現できるのか。政府は聞いてくれるのか

小松：一二年前の第一次改革の提言は二〇一八年の漁業法の改正に反映された。また政府はこの二〇一九年の改革案を、漁業者の説得の材料に確実に使っている形跡がある。

質問二：二〇一八年の改正の漁業法とそれ以前の漁業法の比較はあるか。

小松：二〇一八年改正漁業法ではまだ不十分であるとの分析はしている。それを差し上げる。

質問三：日本の漁業の衰退を見るとブラジル漁業の崩壊に似る。参考になった。

質問四：女性の問題は取り上げているのか？

小松：特に女性問題は取り上げていない。漁業と水産加工業でも重要な労働力であるが、経営者には少ない。

質問五：プレゼンテーションに統計・数字が多く説得力がある。

【写真10】WNUで日本の漁業・水産業の改革の取組を講演する著者（中央）

7　国連海洋法と地域漁業機関の限界

国連海洋法は次代の要請に合わない？

日本と他国の二〇〇カイリ内、かつ、公海上でも魚類の移動と変動が激しい。

最近の北太平洋サケ・マスの漁獲量の減少は海水温の上昇と暖水塊の停滞、都市化などによる海洋・陸上生態系の破壊、河川環境の悪化と孵化放流継続での遺伝子劣化の影響を受けたとみられる。

二〇二〇年にはロシアのサケマスの漁獲量が約四〇％も減少したと報じられた。二月一九日にはサハリン島の南半分からサケの回帰が大幅減少したロシア・サハリン州で北太平洋サケの資源動向などに関する国際会議（ＷＥＢ）が開催された。米国でもベーリング海以外の、ワシントン州、オレゴン州とカリフォルニア州に加えて、南東部アラスカのサケ回帰量が減少した。

【写真 11】ニューヨーク国連本部（2019 年 5 月）

中西部太平洋漁業条約の対象魚種のカツオは北太平洋への北上量が大幅に減少した。赤道域の太平洋で先取りされる。北西太平洋のクロマグロも増加が著しく遅いがイシイルカと餌（スルメイカ）で競合する。ミンククジラとナガスクジラは北太平洋漁業条約の資源が悪化したサンマを大量に捕食する。

また、健全な資源量とは無関係に日本のニタリクジラ他の捕獲頭数はわずか二〇〇頭にしか設定されない。

これらの資源管理の現状を見ると地域漁業機関の機能が不十分である。管理の根拠は国連海洋法にある。一九七〇年代に交渉され、成文化された国連海洋法は当時の政治情勢を反映した。各国は二〇〇カイリ排他的経済水域設定では熱心に交渉した。大事なのは条文である。海洋は一つの大きな包括的なシステムであり、陸上と河川との関係も避けて管理はできない時代だ。

バラバラの資源管理の条項

国連海洋法第六一条から第六八条は、沿岸国二〇〇カイリ内の生物資源の保存（第六一条）、生物資源の利用（第六二条）、二以上の国や海域にまたがる資源（第六三条）、高度回遊性魚種（第六四条）、海産哺乳動物（第六五条）遡河性魚類（第六六条）、降河性魚類（第六七条）と定着性種族（第六八条）の条文が、種族の生息域と回遊範囲の観点から定義づけられた（下表参照）。バラバラの内容で相互関連の記述がない。捕食者と餌の関係と、健全な海洋生態系が繁殖と保護を支えるとの観点が不足する。

【写真12】国連本部内アナン事務局長と潘事務局長の肖像画前で（2019年5月）

これら条項は米国、旧ソ連とカナダなどのこれらの種族に関心を有する国の思惑で書かれた。また、当時に比べ、現在の科学レベルは増大している。海洋環境に関しても、当時は廃棄物と有害物質の海洋投棄の関心が主体で、現在のような地球温暖化と沿岸域の埋め立てや陸域からの有害物質の排出などの陸上の問題は現在ほど重大視されなかった。

バランスの上に成立した国連海洋法条約

「当時の一九七〇年代の海洋法条約の交渉は、微妙なバランス上に成り立っている。何処の国も交渉の結果には満足していない。今その問題を指摘しだしたら、パンドラの箱を開けるような、そこからあらゆる問題が噴出しよう。それはどこの国も望んではいないのではないか。第六一条と第六二条の二〇〇カイリ水域の具体的な交渉の過程を示した記録は残っている。しかし、第六三条から第六六条の各条文の交渉経緯は残ってはいない」とワンリ（Wanli）国連海洋法事務局長は筆者に述べた。

地域漁業機関の限界と新たな条約交渉

北太平洋漁業委員会は、サンマの管理をするが、捕食者のクジラも北太平洋の暖水塊が発生した海域が重なるサケもマグロも条約魚種に入っていない。また、中西部太平洋漁業委員会にもカツオと餌と海域が輻輳する暖海性のニタリクジラも、クロマグロとは餌競合するイルカも対象となっていない。海洋生態系と複数種の一括管理が極めて重要である。海洋法の上記の条文が欠陥の根本である。これでは科学的に評価し適切な漁獲枠設定が可能とは思えない。また、陸や河川との関係も入れないと海洋の健全性を維持できない。

現在交渉中のＢＢＮＪ（国家管轄権を超えた生物学多様性条約）では、交渉から五〇年も経て古くなった国連海洋法に触れることを回避している。交渉のしやすさを考えて、本質を避け、それでいいわけがない。人類

【表 3】国連海洋法の海洋生物資源管理に関するバラバラな条項

第 61 条 生物資源の保存	沿岸国は、自国の排他的経済水域における生物資源の漁獲可能量を決定する。
第 62 条 生物資源の利用	沿岸国は、前条の規定の適用を妨げることなく、排他的経済水域における生物資源の最適利用の目的を促進する。
第 63 条 跋扈性資源 (ストラドリングストック)	同一の資源又は関連する種の資源が二以上の沿岸国の排他的経済水域内に存在する場合には、これらの沿岸国は、この部の他の規定の適用を妨げることなく、直接に又は適当な小地域的若しくは地域的機関を通じて、当該資源の保存及び開発を調整し及び確保するために必要な措置について合意するよう努める。
第 64 条 高度回遊性魚種	沿岸国その他その国民がある地域において附属書 I に掲げる高度回遊性の種を漁獲する国は、排他的経済水域の内外を問わず当該地域全体において当該種の保存を確保しかつ最適利用の目的を促進するため、直接に又は適当な国際機関を通じて協力する。
第 65 条 海産哺乳動物	この部のいかなる規定も、沿岸国又は適当な場合には国際機関が海産哺乳動物の開発についてこの部に定めるよりも厳しく禁止し、制限し又は規制する権利又は権限を制限するものではない。
第 66 条 溯河性資源	溯河性資源の発生する河川の所在する国は、当該溯河性資源について第一義的利益及び責任を有する。
第 67 条 降河性魚種	降河性の種がその生活史の大部分を過ごす水域の所在する沿岸国は、当該降河性の種の管理について責任を有し、及び回遊する魚が出入りすることができるようにする。
第 68 条 定着性の種族	この部の規定は、第 77 条 4 に規定する定着性の種族については、適用しない。

国連海洋法条約から著者が作成

全体にも禍根を残す。

8　ＩＵＵ対策、国連国家管轄権超え生物多様性条約交渉（ＢＢＮＪ）

―ＩＵＵ対策と小松ＦＡＯ水産委員会議長の采配

二〇二〇年三月ノルウェー政府漁業総局ロバック部長は「あなたを私はよく覚えている。二〇〇一年ＦＡＯ水産委員会で議長を務め、世界の大問題であるＩＵＵの行動計画を採択した。その際のカナダ代表の発言取り扱いが絶妙であった。」と語った。カナダはＥＵ（スペイン漁船）の違法漁船のカナダ排他的経済水域内操業に手を焼き、強硬な姿勢で沿岸国の主張が公海域まで及ぶことをＩＵＵ行動計画の合意に入れたがったが、ＥＵが絶対に飲まなかったので私がカナダの主張を、ＩＵＵ行動計画のテキスト本体に代えて、そのまま水産委員会報告書に書き入れる取り扱いをし、ＩＵＵ行動計画を世界で初めて採択した。結果、現在では、カナダ主張はＩＵＵ行動計画のどこにも存在しない。絶妙で技巧的な取り扱いであった。ロバック部長はさらに「カナダ代表（当時）のリッジウェー氏（女性）と最近も会うが未だにそのシーンを明確に記憶していると語っている。」と述べた。

【写真 13】ベルゲンのノルウェー漁業省局事務所前（2020 年 3 月）

カナダへの強硬対応以外の選択ではＩＵＵ行動計画は採択できなかったろう。その議長としての采配により現在につながる国際的に重要なＩＵＵ対策のスタートとなりベースとなった。

ＢＢＮＪと海洋保護区の設定

国連海洋法条約条文に海洋生態系の包括的なアプローチが不足することと関しては、これを問題視する動きが見られない。欧州では例えばサケマス条約には北大西洋サケ・マス条約があり、高度回遊性魚種にはICCAT（大西洋マグロ類保存国際条約）があり、海産哺乳類にはNAMMCO（北大西洋海産動物管理機関）がある。

環境団体はＢＢＮＪでＭＰＡ（海洋保護区）を成立させて、個別の条約での漁業許可をすべて禁止に持ち込みたい考えである。現在の捕鯨モラトリアム（一時禁止）の解除を主張する者もいない。

海洋保護区

海洋保護区（Marine Protected Area: MPA）は環境団体が強く主唱し、定義はまだはっきりしないが、環境団体は漁業やその他利用も全面的に禁止したいと考えている。

【写真14】ノルウェーの漁業総局の所在地ベルゲン港（2020年3月）

海洋には国連海洋法条約（UNCLOS）と国連海洋法実施協定（ＵＮＩＡ）がある。漁業に関する地域漁業機関もその設立の根拠をこの二つの国際条約に置き、ノルウェーなど漁業国は、ＢＢＮＪもいらないとの立場である。

ＢＢＮＪの会合に環境団体が跋扈し、加盟国と同様に堂々と発言をして、条約テキストの修正も提供する。国連事務局もこれらの発言力と行動力をもはや無視できない。ＩＵＣＮ（国際自然保護連合）は最近彼らの全面的な漁業の禁止を内容とするMPA提案をした。

EUも漁業部局が関与しているとは思えず、環境局が代表し、保護一辺倒である。

米国も、環境局が代表であって、漁業代表の影が全く薄い。漁業の代表を送るのはノルウェー政府とアイスランドで、日本はBBNJにようやく水産庁が出席した。漁業国はその存在感が薄い。日本の問題点は、外務省代表が一年で変わること。交渉範囲が広範にわたり、外務省が代表を務めることは適当だが、頻繁に変わるのは問題。ノルウェー政府代表は六年間も継続出席する。環境団体も長く出席する。継続性は重要である。

【写真15】ベルゲン「ラジソンホテル」の朝食「ニシンのマリネとサワークリーム漬け」（2020年3月）

遺伝資源の所有権

BBNJ交渉では遺伝資源所有権を発展途上国が主張しているが、実現しても発展途上国には、遺伝資源利用力が当分はないと考えられる。

9 米国の自然回帰の土木工事

自然回帰に舵を切る米国―生態系回復に集中するUSACE―

米国政府の公共土木事業は米陸軍工兵部（US Army Corps of Engineers: USACE）によって計画実施されてきた。そもそもUSACEは米国独立戦争時の一七七五年にジョージ・ワシントン（後に初代大統領に就任）が最初の技師長を指名したことに始まる。USACEの公共事業（Civil Works）には、河川、港湾、水路の計画と建設と水害・氾濫をコントロールする役割がある。しかし二一世紀に入り、環境の持続性と沿岸域と内水路の生態系の回復に事業を集中しつつある

ＥＷＮ（Engineering with Nature：自然活用工法）は、長年コンクリートや地面を固めるプロジェクトにより防災のための事業を実施してきたUSACEが防災に役立たないばかりか自然環境の破壊にもつながるとの反省と住民・国民や環境団体から環境・生態系を破壊する手法を非難されたことに応えたものである。（Michael Craghan：米環境省湿地帯海洋分水嶺室長）

従来手法と比べ有益なＥＷＮ

一九八六年の大洪水・氾濫で三人の死者と五〇〇〇人の避難者と一億ドル（一一〇億円）の損害を出したカリフォルニア州ナパ・バレーのダム・河川改修計画は広範な市民・団体の参加によって

【写真 16】空手八段範師の Peter Stinger 氏米環境省へ案内（2019 年 5 月）

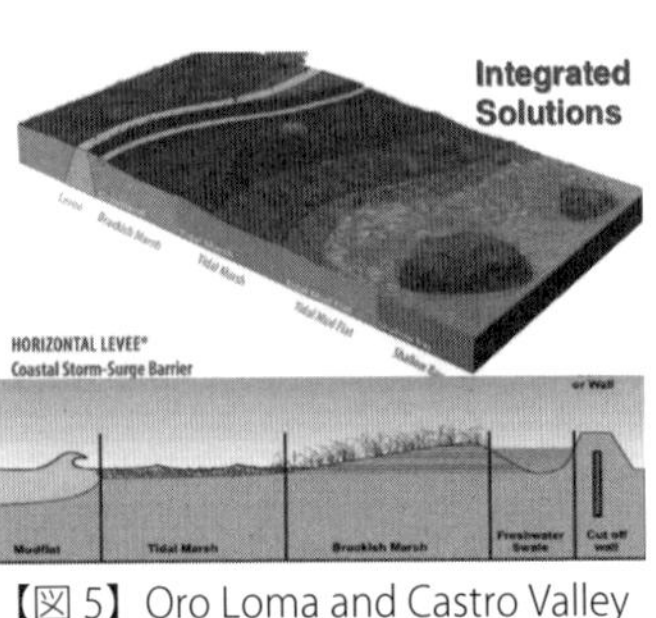

【図5】Oro Loma and Castro Valley Sanitary Districtの提供する自然水平堤防の断面図（左から、泥質海底、潮間帯湿地、汽水帯湿地、淡水低湿地帯と波よけ壁；著者訳）

生態系に配慮した整備計画に変更された。また、一九九三年にはミシシッピ川が氾濫し、河岸堤防（Levee）と浚渫工事が防災に役立たなかったことを示した。これ以降、連邦政府は河川敷や土手沿いに建設された住居を買い取り、これらを氾濫原にし、湿地帯造成と絶滅危惧種保護に舵を切る。環境保護政策はUSACEの正式なマンデート（命令業務）となった。

USACEはEWNを従来手法と比べて経済的、社会的、生態学的、さらにコミュニティーの協調・共存から見ても有意義・有益であるとの判断をした。今後さらに、コンクリート主体のグレー・プロジェクトからEWNが主流になると考えられる。（Gretchen Daily 博士「The New Economy of Nature」）。

EWNの例としてはサンフランシスコ湾に接するオークランド近郊の「Oro Loma and Castro Valley Sanitary District」地区の堤防プロジェクト（横四〇〇フィート、奥行き二〇〇フィートで高さが五フィート）がある。これは堤防を後方に後退させて、前面の干潟や傾斜地に植物を植え、それらの干潟・生物が浄化や海洋生産力と防災に活用・貢献するとして設計されている（図5）。

ダウ・ケミカル社も自然活用

ダウ・ケミカル（Dow Chemical）社 は自然を活用した防災を心がける。自然の恵みの活用が人工物建設よりも経済的にメリットがあるとの考えだ。

テキサス州のヒューストン郊外のフリーポー市にメキシコ湾から採収したマグネシウムなどを処理する化学薬品工場がある。同社の全製品の約四〇%を占め、世界市場への供給の二〇%を生産する。

一九四〇年建設の工場の老朽化に伴い新工場を建設したが、防災用の海岸フロントラインには堤防を造らず後退地に自然の堤防を造った。この効果の検証が注目される。

同社の自然の生態系サービスを活用したプロジェクトはNature Conservancyとの共同事業である。

二〇〇五年に一、三六〇人の科学者が集まってミレニアム・エコシステム・アセスメントを発表し、そこで生態系のサービスが劣化していることや、同社の今後の事業継続には、自然環境と生態系のサービスが重要と判断をした。

現在、米国の若者世代では環境や自然保護への関心が高まっている。これらを考慮しない企業は到底生き残れないとの考えが背景にある。

化学製品の製造には大量の良質な水を使用する。浄水施設を建設し膨大なコストを要するより自然生態系のサービスを活用する方が格段に経済的にも優れている。

同社は以下の二〇二五年自然価値目標を設定した。

「二〇二五年までにダウ・ケミカルは一〇億ドル（約一、一〇〇億円）の価値のある、自然とビジネスの双方に好ましい事業を作り出す。」（エール大学環境森林大学院 David Skelly 教授とその教え子 Nature Conservancy 専門家

Jennifer Molner 女史談）

【写真 17】エール大学環境森林大学院 David Skelly 教授兼ピーボデイ博物館長と著者（2019 年 5 月）

10　米国の海洋生態系の漁業管理政策

サケ・マスとロブスターが北上

米国でも海洋生態系と気候変動により海洋生物資源の分布域の変動や特定の海域からの減少並びに北上がみられる。特に太平洋では、サケ・マスがワシントン州、オレゴン州とカリフォルニア州だけでなく南東部アラスカやコディアック島などからも大幅に減少した。唯一サケ・マス資源が安定しているのはベーリング海のみである。また、大西洋岸では、ニューヨーク州やコネチカット州からロブスターが北上し、メイン州とカナダにその資源が移動している。マダラも大西洋岸から減少している。

このことは漁業や漁業に依存する加工業や地域社会にも悪影響を及ぼしている。

データと調査を重視

　また、米国では、サケ・マスの一部を絶滅危惧種（ワシントン州などでの紅鮭やマスノスケ他）に指定し、その種と生息域・回遊域である河川・沿岸域の保護、回復に努めることや海産哺乳動物とその餌生物を保護する。このように、漁業対象種にとどまらず関連種を入れ生態系を構成する種や環境を網羅した特定の海域を明示した上で、生息域や環境、海洋生物資源などを包括的に含んだ計画を作成する。これには人為的な影響、陸上起源の汚染物質の流出などの影響なども考慮される。

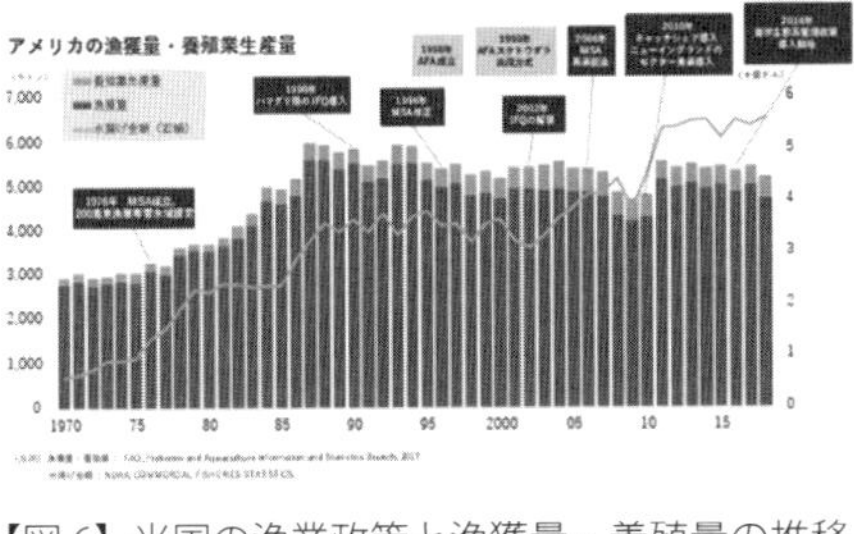

【図6】米国の漁業政策と漁獲量・養殖量の推移

　これが「漁業生態系計画」である。加えて、公共工事などの場合は二倍の広さの面積を回復されるミチゲーション（開発による環境への影響を緩和させる措置）を義務付けられる。

　しかし、このような計画策定で最も重要なものは、特定海域の海洋生態系を知るための科学的データの収集・調査とその評価である。米国はこれまでも漁業政策を最新化、変更する際に科学を基本（図6参照）としてきたが、科学を生態系管理の基本的柱とし、政策の重要なベースとして位置付けている。

　米国は科学に基づき、海洋生態系の中で最も脆弱でリスクが高い種を特定する。さらには、脆弱性とリスクのうちでどれを優先して保護し回復するかなどの政策を検討する。

その結果、海洋生態系の観点も入れ漁獲水準（レファレンス・ポイント）を設定する。単一種での総漁獲可能量を決定することにより、中長期的には安定的で強靭な漁業を維持できる可能性があるとの判断による。

生態系管理の根拠―九六年の持続的漁業法―

米国の海洋生態系管理の政策は一九九六年の漁業保存管理法を改正した持続的漁業法に基本的な根拠がある。加えて、海産動物保護法、絶滅種の保護法に基づき米国は海洋生態漁業管理の政策を二〇一六年一一月から導入した。二〇一八年にはこの政策を更新するとともに、二〇一五年に遡り、気候変動が海洋生態系に及ぼす影響への対応に当って科学に基づく決定が重要としている（表4参照）。

米国政府は今後、単一魚種管理では海洋生物資源を適切に管理はできない、との判断である。

生態系管理が日米の差に

ところで、日本には改正漁業法も含めて海洋生態系管理や気候変動に対応する政策が出てこない。国際合意では海洋生態系の保全は国連のSDGs（持続可能な開発目標）や国連食糧農業機関（ＦＡＯ）の漁業行動規範と生物多様性条約にも明記されるが、これらに対応した政策が見当たらない。ＩＴＱ（個別譲渡性漁獲割当制度）も気候変動への対応に有効であると言われる。これらの導入をいち早く取り入れた米国との差が、結局、米国の漁業生産金額の伸びと日本の漁業生産量と金額の衰退（図7参照）につながっていよう。

【表4】気候変動下で海洋生態系管理等のためのNOAAの7つの優先科学目標

目標	内容
目標1	海洋生物資源（LMR）管理のための適切かつ気候情報に基づいた基準点を明確にする。
目標2	気候変動下で海洋生物資源（LMR）を管理するための確固とした戦略を明確にする。
目標3	気候変動を取り入れ、対応できる適応型意思決定プロセスを構築する。
目標4	気候変動下で、海洋、沿岸、淡水の生態系、海洋生物資源（LMR）ならびにLMRに依存する人間社会の未来像を明確にする。
目標5	海洋生態系、海洋生物資源（LMR）、LMRに依存する人間社会への気候変動の影響のメカニズムを明確にする。
目標6	海洋生態系、海洋生物資源（LMR）、LMRに依存する人間社会の傾向を把握し、早い段階で変化に関する警告を与える。
目標7	気候変動下で、NOAA海洋漁業局が任務を遂行するために必要な科学的基盤を構築し、維持する。

NOAA資料から筆者作成

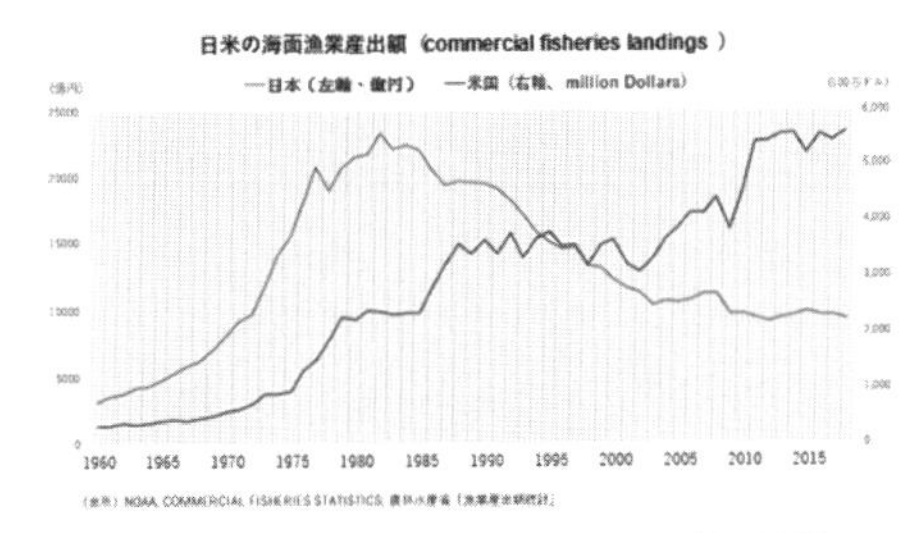

【図7】日米の漁業生産金額の推移の比較

11　シアトル・ワシントン州でのサケ・マスと海洋生態系回復

連邦法が生態系回復後押し

ワシントン州では、シロザケ、マスノスケ、ギンザケとベニザケなど五種類のサケが絶滅種保護法（Endangered Species Act）で絶滅脅威種に指定され、保護が義務付けられている。一九七二年に成立した水質清浄化法（Clean water Act）で水質基準と排水基準も設けられた。

絶滅種保護法や水質清浄化法など目的が異なる法律が複数あった方がサケ保護にも有効である。

そして自然の力を利用した防災の方が財政的問題を軽減する。米国では一般市民の支援も得やすい。これらの法律は、

【写真18】米シアトル市のエリオット湾と中心がハーバー島。島の上が東流路で下が西流路。そこから右横に伸びるのがドゥワミッシュ川
（ジョージ・ブロンバーグ氏提供）

大学や地方行政が生態系の回復を研究し対策を講ずるための後押しとなっている。

人工孵化より自然産卵へ

サケ・マスは人工孵化の効果が薄く、天然の産卵場強化が効果的である。例えば、河川の通常の流水量を増やせば河川床に潜り込み湧き水として噴出し、河川脇に植物を植えて水の滞留を促し、サケやアユの産卵場も確保できる。自然の河川生態系修復である（ワシントン大学森林資源学部兼植物園担当エド・ウィング教授とジム・フリンドレイ教授）。

自然生態系の九八％失う—巨大工業地帯の造成で—

エリオット湾は、一八五〇年代には全くの湿地・干潟であった。

一九〇五年からエリオット湾の湿地帯とドゥワミッシュ（Duwamish）川の湿地帯を埋め立て一九五〇年までに巨大な工業地帯とした。五、三〇〇エーカーでシアトル都市部工業地帯の約九八％を占めた。ハーバー島など人工地区が造成され東と西側に巨大な水路を掘り一九マイル上流まで船舶が昇れた。

この工業地帯が年間で取り扱った貨物の取扱金額は四〇〇～四五〇億ドルで、雇用は七五、〇〇〇家族分に及ぶ。

一方で自然生態系の九八％を失い、マスノスケ、ギンザケ、シロザケ、ピンクサーモン（カラフトマス）と

スチールヘッドの資源量が九〇％以上失われた。絶滅種保護法で一九九九年にはマスノスケとブルトラウトが絶滅脅威種に指定され、二〇〇七年にはスチールヘッドが追加された。

環境回復で生態系回復

全米各地で一九九〇年代、環境修復への関心が高まった。シアトルでもボーイング本社が移転しエリオット湾とドゥワミッシュ川地区の環境修復が始まった。

環境修復の最初の事例はドゥワミッシュ 川の貨物船陸揚げ場の追加工事に伴う修復である。全国環境政策法などで、開発と同等規模以上の環境修復（Mitigation）が要求された。そのためにドゥワミッシュ川の五・三マイル内地区で一九九五年から修復を始めた。最初は不法投棄廃船の撤去から始め、次に汚染土壌を入れ替えた。その後に三、五〇〇立方ヤードの土を入れ替え、造成した潮間帯に、適する植物を移植した。

サケ資源も戻る

潮間帯と河川地帯に固有の植物が自然に繁殖を開始した。すると魚類や野生生物が住み着いて、無脊椎動物が植物に誘われて定着し、昆虫類と鳥類がそこに住み着いた。

二〇〇八年には樹木の丈も高いのが生い茂り、野生生物がたくさん生息し、潮も潮間帯から九～一〇フィートまで入るようになった。サケも資源の回復がみられた。

米国海洋大気庁（NOAA）にとってドゥワミッシュ川はサケ遡上川として非常に重要であった。上流で産卵し孵化後下流に下り、その後エリオット湾の干潟や湿地帯と湾の沿岸寄りで一〇日から一か月間生息し、

【写真19】流木・倒木など自然を活用したエリオット湾海岸の自然再生（2018年6月、著者撮影）

栄養を十分に補給してから太平洋の外洋に向かう。

一方、上流に回遊し産卵後死亡したサケは地域の動物や鳥類の餌になる。孵化後のサケ稚魚の栄養分ともなる。海洋の栄養分を森林と河川地帯に提供する重要性を持っている（シアトル・タコマ港湾局ジョージ・ブロンバーグ氏：環境プログラムマネージャーとＮＯＡＡ職員）。

12　米チェサピーク湾生態系の管理と政策

大都市にまたがり汚染広がる

チェサピーク湾は一一、六〇三平方キロメートル、南北長三二一キロメートルで瀬戸内海の約半分の広さを持つ半閉鎖海である。チェサピーク湾の分水嶺（Watershed）は、一六万五、七六〇平方キロであり北米で最大で、世界でも三番目に大きな分水嶺地域を有する。その分水嶺の北はニューヨーク州からペンシルバニア州、メリーランド州、デラウェア州、ワシントンＤＣ、バージニア州とウェスト・バージニア州にまたがる広大なものである。この流域には一、八〇〇万人が居住し毎年一五万人の人口の増加がある。数万のクリーク、小川と河川がある。

流域には主として個人経営の七七、〇〇〇の農家がある。三、六〇〇種以上の植物、魚類と動物が生息する。

チェサピーク湾に対する汚染の圧力としては、①人口増加とコンクリートの硬い表面で雨水が注ぎやすい②大気と水の汚染：窒素、リン酸、土壌と化学物質の流入③漁業、疾病と過剰漁獲④気候変動：水面の上昇、水温の上昇、水草の減少、無酸素海水域の増加、水鳥（冬季間）の減少⑤移入種の増加：Nutria（南米産のネズミ類）、Phragmites（植物）とBlue Catfish（アメリカナマズ）⑥自然要因：高温、暴風雨と不規則な淡水の流れが挙げられる。

これらの結果、チェサピーク湾の生態系の劣化が起こっている

水質の汚染の原因は、窒素分の場合は農業の化学肥料、畜産の排出物（Manure）、産業排出水と大気中への排出で、リン酸分は農業の化学肥料、畜産の排出物と都市の流出水である。そして、土壌流出は農業、都市化と自然起因の現象による。

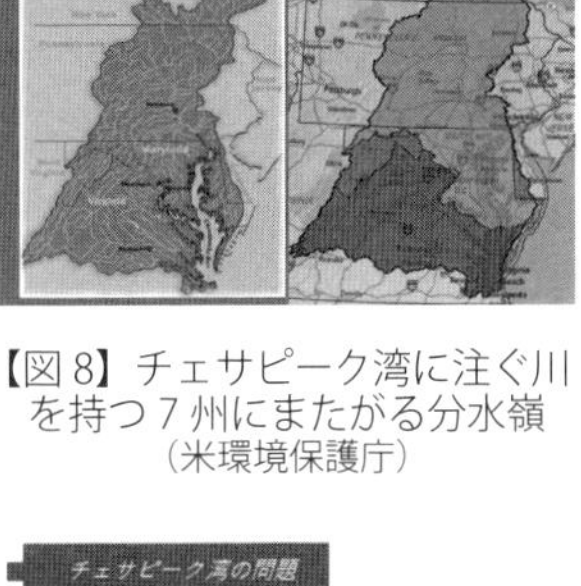

【図8】チェサピーク湾に注ぐ川を持つ7州にまたがる分水嶺（米環境保護庁）

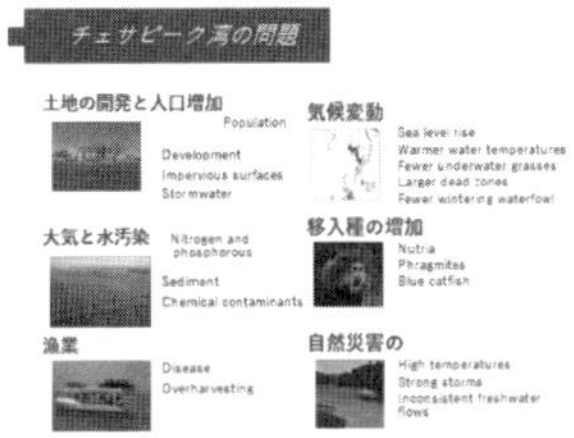

【図9】

米国環境保護庁の設立

ところで、米国の環境政策の主体をつかさどるのは環境保護庁（EPA：Environmental Protection Agency）である。EPAは一九七〇年二月にニクソン大統領時代に環境への関心が高まった時代に一九六九年全国環境政策法が成立し、それに基づき設立された。その予算規模は九〇億ドル（二〇二〇年、約九、九〇〇億円）、職員が一三、七五八

人（二〇一八年）で科学者、技術者と環境保護の専門家が過半数を構成する。その他にも法律家、公共政策と財政の専門家が働く。ちなみに、日本の環境省の予算は約三、一二三億円（二〇二一年度の環境庁本庁と地方環境事務所及び原子力規制委員会予算の総計）でEPA予算は三倍余りの規模となっている。また人員は環境省（一、七九六人）の七・七倍となっている。

チェサピーク保護に七州協定

チェサピーク湾プログラム（CBP）はEPAも中心となり一九八七年には最初のチェサピーク湾協定が締結された。一九八三年に作成された。二〇〇〇年改訂し充実したチェサピーク湾協定がメリーランド州、バージニア州、ペンシルバニア州、ワシントンDCチェサピーク湾委員会（Commission）と連邦政府の間で締結された。二〇〇〇〜二〇〇二年にニューヨーク州、デラウェア州とウェスト・バージニア州が追加加盟した。

【写真20】ワシントンDCにあるEPA本部（Wikipediaから）

一九八三年チェサピーク湾協定が締結されて以来、一九八七年、一九九二年、二〇〇〇年と二〇一四年に改訂し、新協定（Watershed Agreement）が締結されている。湾の環境と自然の回復をさらに加速させなければならないとの判断のもとで新協定が策定された。回復方策は最良の科学的情報に基づいてそのゴールが達成されることを目標としている。説明責任を明確にすることも含んでいる。二〇一四年の協定では初めてニューヨーク州、デラウェア州とウェスト・バージニア州が正規のメンバーになり総最大日負荷量・ＴＭＤＬ（下記に記載）が正式に定められた。

ＣＢＰは、将来の世代に対して、チェサピーク湾の保護と回復をリード・実行する権限を与えられる。ＣＢＰの組織構成はチェサピーク湾執行委員会（Council）が上部組織としてあり、その下に主要スタッフメンバー委員会（Committee）を設置している。これらに対しては市民、地方政府と科学技術者委員会が助言を与える。

総最大日負荷量導入し規制

最近の具体的な行動としては汚染物質の流入量の制限を二〇一〇年から実施し、ＴＭＤＬ（総最大日負荷量）を設定した。二〇一七年には中間査定・評価を実施し、目標が達成されていることを確認した。二〇二五年までに窒素、リンと土壌の流失の減量を達成目標にし、その結果、汚染物質の削減、ブルークラブ、オイスターと餌生物の維持、水質と土地の生息環境（Habitat）の回復、農地と森林の保存、チェサピーク湾の教育の拡大、気候変動に対する分水嶺資源、Habitatの回復適応力の増大を目指している（ＥＰＡのTom Wall分水嶺回復評価保護部長、Michael Craghan氏〈湿地・海洋及び分水嶺室〉とGreg Barranco氏〈チェサピーク湾プログラム室〉からの解説に基づく）。

13　オランダ・研究所と自然に配慮の防災

水資源・管理の国際研究所―自然に配慮した防災目指す―

オランダのデルタレス（Deltares）研究所は二〇〇八年一月に設立され、一三年の歴史を持つ。その積み上げた経験と情報は一〇〇年の歴史があるが、最近一二年間（二〇二〇年三月時点）だけでも変貌を遂げている。デルタレス研究所は水資源・管理の研究所でデルタ（三角州）工事の応用面にその強みを持ち、自然に配慮した防災を目指す。連携する学術機関のデルフト工科大学は学術の理論にその強みがあり、民間企業は工事・事業の実施の強みがある。

現在、全部で八三九人（二〇二〇年三月）が本研究所で働いており、フルタイムは七五〇人である。そのうち七二〇人がオランダで働く。世界の四一か国から仕事をしに来ている。国際的な活動に拡大しているが、オランダ以外で仕事を獲得するのは至難の業と言う。

政府から独立し助言

デルタレス研究所は非営利の組織で、事業予算の七〇％が政府からで、残り三〇％は政府以外からの資金を充てているが、元資金は政府出資で、基本的にはデルタレス研究所予算の九〇％は政府（オランダ政府とEU政府）が原資である。

二〇一八年の全事業費は一億一、四〇〇万ユーロ（一五〇億円）であった。そのうちデルタレスで事業をこなした額は九、六〇〇万ユーロ（一二七億円）であった。七一％がオランダの事業である。このうち一、〇〇〇

〜一、五〇〇万ユーロ（一三〜二〇億円）が水管理を行う州レベルから、約三〇%が市町村からの資金による事業である。

業務の目的は、独立組織として、政府にもおもねることなく、民間にへつらうことなく、①オランダ政府に対して率直に知識のパートナーとして助言すること②世界的に適用すること③オランダの革新的な技術力を高めること④国際的にも戦略的なパートナーであるとすること⑤世界の各地のプロジェクトに対して、コンサルタントとして必要な助言を与えること、である。

このため、科学的能力と技術力が重要であり、中長期的にも役に立つ情報と技術の提供が求められる。情報と知識がすべての基礎である。

【写真21】デルタレス研究所の正面（2020年3月）

フィールドと実験を重視

そして、フィールドの経験と蓄積、並びに実験室での膨大なモデルによる実験が必要である。シミュレーションがあればよいとの意見もあるが、デルタレス研究所はそう考えない。シミュレーションに入れ込む情報や条件には限界があり、実際の実験をしてみなければ、入れ込む要素も仔細にわからない。シミュレーションの限界を補い、実際の水の動向や建設物の設定や微細な組み立ての検討にはモデル実験場で行うのが最も適切である。シミュレーションでは不可能な堤防破壊を実際の条件に

【写真 22】河川流域の再現モデル（2020 年 3 月）

【写真 23】実験河川（2020 年 3 月）

近い状況を作って試す。

最大の資産は人材であり、世界各国から、生態学、エンジニアリングや経済学など多彩な専門分野を持った人達が集う。デルフト工科大学とは密接な協力のもとに研究開発を進めている。フィールドでの研究成果も含めて誰でもが情報に接することができる。

将来、海面の上昇に伴い堤防が決壊するケースが増える可能性がある。それに適切な評価を下し、堤防の必要性を正確に判断し、助言を提供する。

同研究所は、深さが九メートルで、長さが三五〇メートルの実験河川を持っている。ここでは、東側と西側から水を流し込んで物理的な合流の影響・効果を見る。

（Toon Sergen アジア太平洋地域担当部長と Mindert de Vries 専門官の説明と同研究所資料を元に執筆した）

14　地球温暖化と海面上昇への対応

コンクリのみで防災できず

オランダのデルタレス研究所（DELTARES）は政府から独立した機関で、水資源、土壌に関する知識とインフラストラクチャー（生活、産業を支える社会資本）に関する先進的事例に基づいて、専門的な助言を提供する機関である。

今後、地球温暖化と海面上昇が予測され、コンクリート中心では適切な防災ができないと予測されている。水流を狭い水路に封じ込める方法では、防災は不可能で危険度が増す。

オランダでは、ＥＵ（欧州連合）の法律とオランダ国内法並びに地方自治体の法律で一定の期間ごとに現在のコンクリート堤防（ダイク）中心の防災の見直しを義務づけ、六年に一度、総レビューを行っている。

五〇年後見据え政策転換

デルタレス研究所はその結果、五〇年後の地球温暖化と海面上昇には現在の多くのダイクなどの建設物では対応ができないとの、科学的・総合的な結果を出している。従って、ダイクを新たなものに造り替える必要があり、コンクリートではなく「自然力を活用する解決策」（NBS:Nature Based Solution）が重要と結論付けた。自然の水流を敵と考えるのではなく、自然の一部と考え、かつ水、土壌、地形や生物多様性、生態系を活用し防災に取り組みながら、農業生産、漁業生産並びに観光の振興にも役立てる。自然とエコシステム・サービス力を最大限活用する考えだ。

三段階からなる水流管理

オランダの水流管理の政策決定機構は三段階からなる。一つはＥＵであり、次いでオランダ政府である。そして、三番目に州（Province）を超えた分水嶺委員会（Watershed Board）がその役割を担い、分水嶺毎の水管理を行う。

五〇年後には降水量も海面も現在とは全く異なり、アルプスの氷河もなくなる可能性がある。その場合、夏と冬の河川の流量も大きく変化し、夏の水量が減少し、冬の雨がそのまま流入し水量が増大する。その増大分に対しては現在の方策では対応ができない。

【写真 24】堤防前に水柳を植林しダイクを1メートル下げる（2020 年 3 月、ノルドリフト市）

【写真 25】上記の堤防傍にコンクリート堤防を建設し比較（2020 年 3 月、ノルドリフト市）

現堤防は使命を果たせず

二〇一六年に六年毎の水管理の見直し評価・検討を実施した結果、現存する堤防の多くがその目的、使命と機能を果たせないことが判明した。そこで、堤防の取り壊し、ＮＢＳを組み合わせた堤防が必要との結論となった。土木工学的エンジニアリングとＮＢＳの組み合わせが必須の時代になった。堤防の前面に水柳を植林して堤防の高さを一メートル以上下げる（一つの写真参照）。

自然活用の防災へ

土木工学一本の1D（次元：Dimension）型の建設の時代は終わった。生態系や水そのものの力を活用する2Dと3Dの時代になった。

堤防を緑の草で覆う手法や「余裕ある河川」（五〇プロジェクトで四〇億ユーロ：五、〇〇〇億円を支出する）という河川水を河川の狭いところに閉じ込めずに、河川脇に水を流し込みため込む方式である。

【写真26】農地をつぶし河川水を引き入れた「余裕ある河川」（Room for the River）の現場（2020年3月、ノルドリフト市）

【写真27】Mindert博士の案内での大水流の再現実験場350m（長さ）×9m（深さ）×3m(幅)（2020年3月）

水を単純に下流に流すのではなく、傍流を形成し別ルートで水を流し込む。それに必要な土地確保のために住民や農家と息の長い協議を行う。これには科学的で説得力あるデータが必要である。そのデータはデルタレス研究所が提供する。

15 海洋生態系の回復の重要性

生態系回復が漁業再生の鍵―森川海の健全な関係構築を―

一九七〇年代前半から九〇年代前半まで世界一の漁業・養殖業生産量を誇った我が国も最近の漁業・養殖業生産量を見ると急激な減少で、第一〇位にまで陥落した。我が国の世界の漁業・養殖業生産量に占める位置も凋落の一途である。その減少は漁業制度の旧態性と資源管理の失敗による自国二〇〇カイリ内の沖合漁業、沿岸漁業と養殖業の衰退に起因する。

さらに針葉樹林の放置やダム建設並びに土砂採取など森林と河川の環境の劣化による内水面漁業・養殖業の減少も急激である。

沿岸と沖合漁業、養殖業と内水面漁業・養殖業の凋落原因は、資源と漁業管理の不足と不徹底のほかに、海水温の上昇（温暖化）、環境と生態系の劣化があげられよう。

陸上起源の漁業への悪影響は、沿岸域の埋め立てや堤防建設などによる生産力が豊かな湿地帯、干潟、河口域と砂州と汽水域並びに藻場の喪失である。

さらに、発電所など陸上活動・工場：製紙工場、食品工業、製鉄業や都市・下水排水などが水温上昇と汚染源として水質を劣化させた。一方、森林や土壌中のバクテリアが育んだ良質な栄養分やミネラル豊かな自然水がダムや放水路で取水されて海まで届かない。海洋生態系は劣化し生物多様性が大きく損なわれた。それを生息環境とし、餌とする魚類と貝類の生産量が激減したと考えるのが自然である。

海洋生態系を損う原発排水

二〇二一年四月一三日に政府は第五回廃炉・汚染水・処理水対策関係閣僚等会議で福島第一原子力発電所の処理水の海洋投棄を決定したが、原発の排水・温排水の悪影響も懸念される。東日本大震災前に日本中に五四基設置されていた原発の前の海洋はこの温排水で漁獲量が減少するなど海洋生態系が悪化しているとみられる。

東京電力福島第一原子力発電所の処理水（放射能汚染水）は約二年後に、海洋放出が開始される。現在、東京電力の処理済み汚染水は約一二五万トンである。しかし現時点で基準値を超える汚染水が七二％もあり、これを再びＡＬＰＳ（Advanced Liquidation Processing System）で処理する。その際ＡＬＰＳで取り除けないトリチウムは原発前の海水で薄めて、法定濃度の四〇分の一以下にして放出というが、それでは、直接汚染原液を流すことと変わらないし、今後三〇年間とその後も想定通りに処理できる保証があるかどうか。

通常の海洋放出は福島の原子力発電所他で毎秒一、〇〇〇トン（推定値）の温排水が福島の沿岸に流れ込

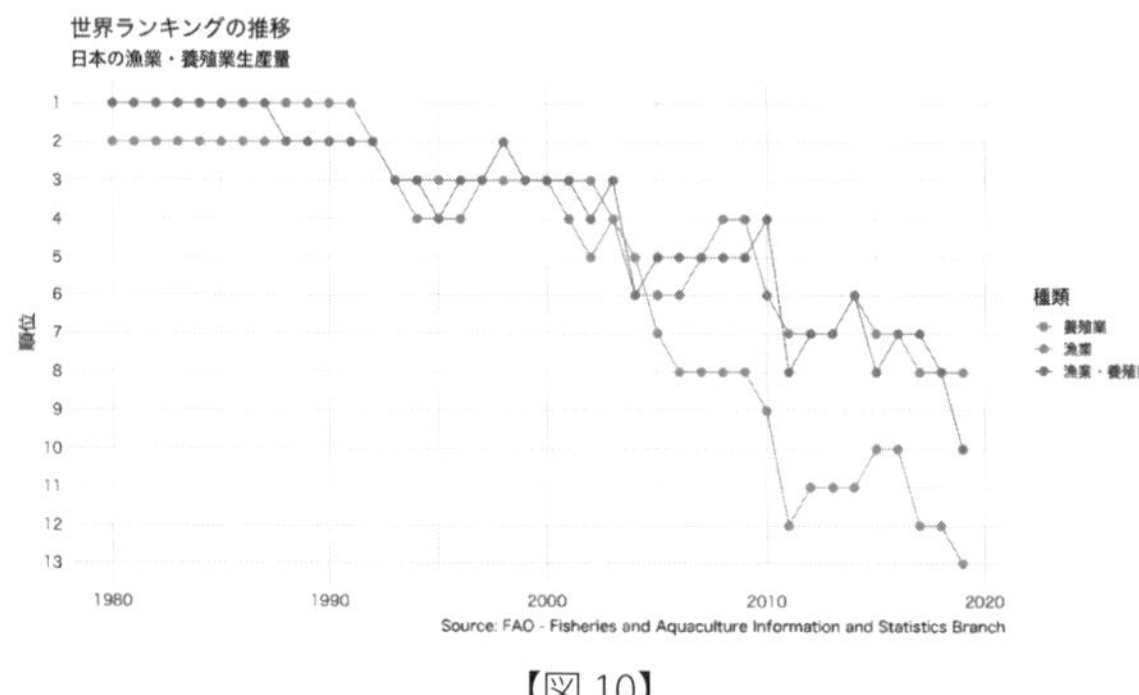

【図10】

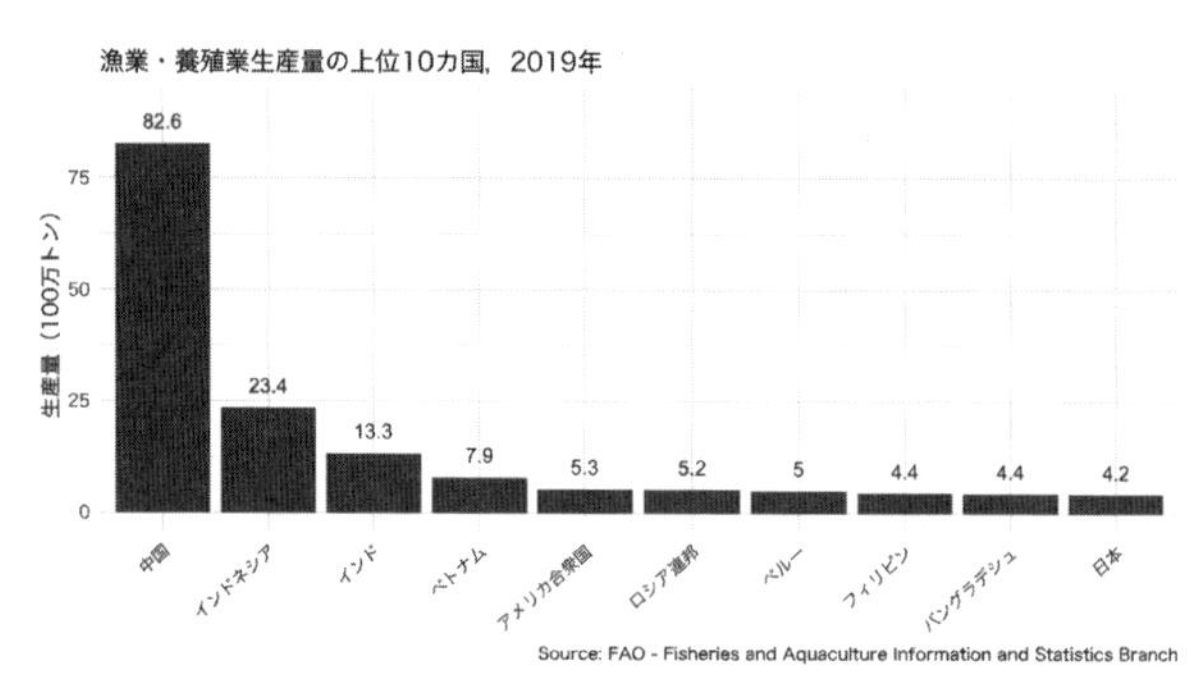

【図11】

んでいた。原発の電力として利用できる熱効率は三四％で残り六六％の熱は海洋を温める。原子炉内は二八〇℃でこれを海水で冷却して放流し、その時は海水より七〜一〇℃高いとされるが、これは事実上の「海温め装置」である。溶存酸素量と二酸化炭素の溶解度は低下。取水・排水管へのフジツボなどの付着を防ぐ化学物質も含まれ、バクテリア・微生物やクロロフィルも死滅した有害な水を海洋に流出していると考えられる。

　また、我が国における原発の実発電量はわずか六・四％で、ＬＮＧの三七・四％や新エネルギーの九・三％に比較してはるかに小さい。

定置漁業の消滅へ

福島県の塩屋崎などの定置網漁業の漁獲量は一九八一年に九、五〇〇トンを記録したが、その後急速に減少し、二〇〇〇年にはほぼゼロになった。この間に温排水の量は一九六六年（昭和四一年）ごろから急速に増加し一九九〇年には毎秒七五〇トンで一九九八年以降、現在は約一、〇〇〇トンである。

補助金を風評被害対策として提供しても、海洋生態系と漁業の衰退の傾向に歯止めはかからない（図12参照）。

【表5】発電所の熱効率

		熱効率（%）	復水器から放出する熱量（kcal/kWh）
火力	新鋭火力 将来目標	40.0 42.6	983 857
原子力	軽水炉	34.0	1,690

火力発電所の場合は煙突などからの熱損失もあるが、原子力発電所の場合は熱損失の大部分は復水器から放出される。

（財）電力中央研究所　和田明氏のデータを元に筆者作成

【表6】2019年度　日本のエネルギーミックス
総発電量9,487億kwh（単位：%）

	電源別設備構成比	電源別発電電力量構成比
新エネルギー	1.5	9.3
原子力	12.4	6.4
LPG他	4.5	6.0
石油	9.8	1.6
LNG	30.9	37.4
石炭	18.2	30.1
水力	18.7	9.1

資源エネルギー庁電力調査統計を元に筆者作成

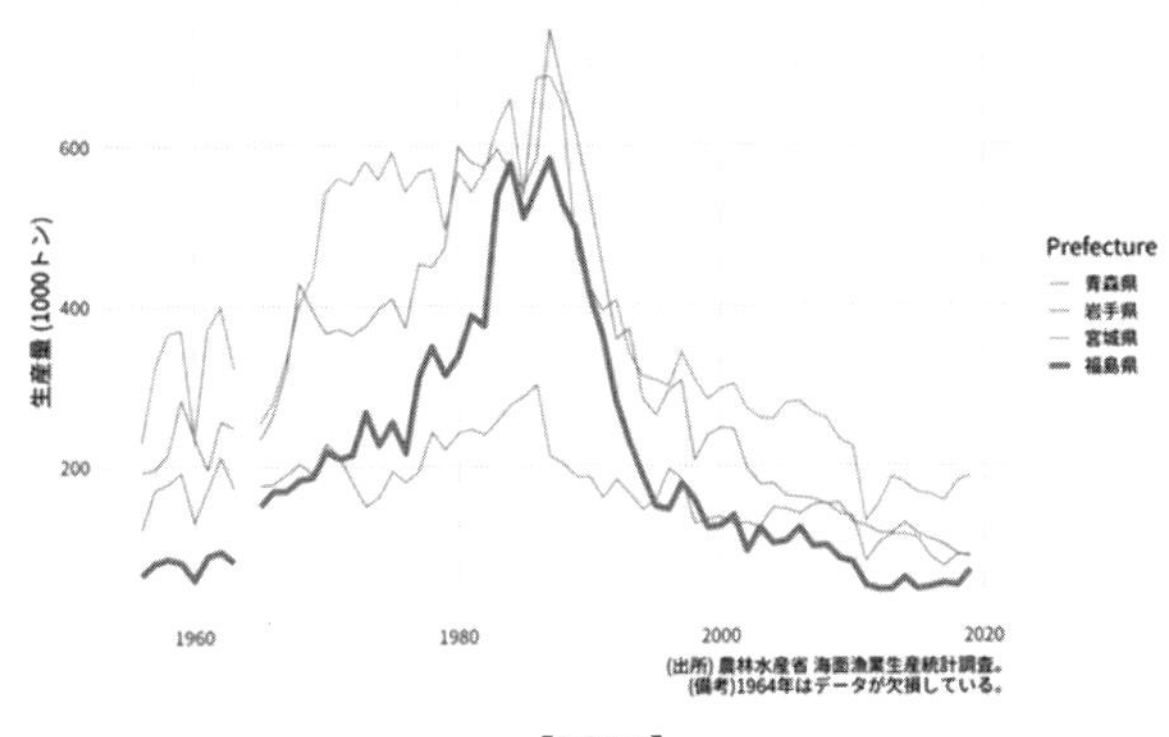

【図12】

原発沿岸域の総合調査を

今こそ、今回の福島の騒動を契機として、原発と六ケ所再処理工場が立地する沿岸域の原発の温排水の単なる海産物のベクレル量モニターを超えた海洋生態系の総合調査を至急、開始するべきである。海洋生態系を守らずして、日本漁業・養殖業の回復は期待できない。

【第Ⅲ章】最新の世界の水産資源管理

1 欧米の海洋水産・生態系政策と課題

進む欧米、後進国の日本―ITQ管理など成功例学べ―

【図 1】資源管理の失敗の例；駿河湾のサクラエビ

国際社会はITQ（譲渡可能個別漁獲割当）を一段と進化させている。ノルウェーでは、IVQ（個別漁船割当）が定着、その第二段階の改革が進み、二〇一六年前から新制度へ移行を意図し、二〇二〇年には輪郭がはっきりした。

米国ではIFQ（個別漁獲割当）反対運動を「てこ」にして、IFQからキャッチシェアプログラム（CSP）に移行した。また一九九〇年のハマグリでのIFQ導入から二七年が経過し、二〇一七年から七年毎の経済データの蓄積も進み、経済データを含むレビューを行っている。

しかし、我が国は、一九一〇（明治四三）年に制定した明治漁業法にしがみついた政策を一一〇年後の現在でも続けている。二〇一八年一二月の「漁業法の改正」には、漁業権制度の維持とITQの否定が盛り込まれ、IQの実施は法律改正以降一件も進まず、かつ漁業権の優先順位の廃止も骨抜きとなり、現状と変わらない可能性も危惧される。資源管理の失敗例は日本海スケトウダラやホッケなどがあげられる。サクラエビも約八、〇〇〇トンが八〇トンと僅か一％と禁漁すべき水準であるが、静岡県は禁漁にもしない。

NZなど改革は第二段階

このように日本国内が漁業の回復、成長産業化や科学的管理に関心が全く見られない中でも、欧米各地の成功例（若干の我が国の例）を集積し分析・評価して、経済的な効果や資源・漁獲量の回復などの成功例を学ぶことは喫緊に必要である。

漁業の先進国は、科学的根拠に基づく漁獲総量の設定と個別の漁業者への割り当て（譲渡性を含む）を徹底し、資源の保護並びに持続性、産業としての生産性向上を達成し、消費者の嗜好に応えている。更に、制度の頑健性・持続性と透明性の向上を目指す改革の第二段階の国（ノルウェーとニュージランド）が出現している。

米国もキャッチシェア・ＩＦＱの導入から七年以上を経過し、十分なデータが蓄積されたとの判断に基づき、二〇一七年四月にガイドラインを定め、経済的な効果も含めたレビューを開始した。

簡単でない万能な解決策

ＩＴＱが成功すると資源全体が価値を持ち、割り当てのＩＴＱが経済的価値を持つ。ＩＴＱの売買と貸与・移譲により、経済力が強い者がＩＴＱを購入し集中する。経済力のない漁業者は短期的誘惑で資金欲しさにＩＴＱを売り放ち、強者が購入する。また、一度売り払ったものの漁業者で再度漁業を営みたい者や新規参入者は、ＩＴＱを高額で購入しなければならない。ＩＴＱを無償でもらった第一世代から購入、貸与を受けなければならない第二世代の不公平感など、これらに対する問題の解決策が各地で取り組まれているが、有効で万能な解決策は簡単ではない。

成功下、資源利用税徴収―生態系管理の導入も―

解決策としてＩＴＱの保持上限の設定、地域グループに保持を認める、実際の漁業者のみにＩＴＱの保有を認めるなどの条件設定が世界の各地で検討ないし決定されている。

ノルウェー、アイスランドと豪州などの諸外国では海洋水産資源を「国民共有の財産と位置付けること」により資源利用税（リソースレント）を徴収する考えが登場し、この目的と枠組みと徴収後の使用目的を検討している。またアイスランドでは漁業会社から徴収を開始する例がみられる。また、欧米は伝統的で問題の解決が図りにくい単一魚種管理から、混獲と生息域まで含む海洋生態系の管理に移行している。

このような一連の動きから日本は取り残され、その事実を知らない。国民と関係者の理解をもっと深め活性化しなければならない。外国にも日本の遅れと旧態を知らせることも大切だ。米国、豪州やノルウェーに遅れること三〇年の日本は、さらに遅れることが懸念されるが、国際社会の動きをフォローする必要がある。欧米各国の情勢を連載する。

2 ノルウェーの海洋生態系研究と養殖業の将来

ノルウェー業界・調査研究の最新事情

ノルウェーを二〇二〇年二月下旬から三月上旬に訪れた。ベルゲン市で北大西洋シーフード・フォーラム（NASF）が開催されたのに合わせて、オスロも訪問し、最新の漁業・養殖業について海洋資源研究所（IMR）、ノルウェー浮き魚販売組合、ノルウェー漁業総局、ノルウェー政府貿易漁業省、と国際捕鯨委員会（IWC）政府代表とフィリチョフ・ナンセン研究所長らと幅広く意見交換をした。まず、調査・研究とサケ養殖業からはじめ、今後数回に分けてそれらを解説する。

IMRの地球温暖化と海洋生態系研究

IMRは、二〇一五年に採択された国連持続的開発目標（SDGs）の二〇三〇年の達成目標に関してIMRとして何をなすべきか、科学が目標の達成のための研究に関して中層の深海魚の資源量が、表層魚の一〇倍はあり、人類の食料利用とサケなど養殖業のえさとしての利用が期待されると位置づける。

我が国は一時マリノフォーラムが取り組んだが、現在は全く停止状態である。

今後地球温暖化が悪化するにつれて、海洋の汚染物質を定量化し、かつ削減する必要があるとしている。また、海洋の耐久性（Resilience）を増大させる必要があり、海洋生態系を目に見える形でマップ化し、保護し、

【写真1】NASFの初日の会場の様子（2020年3月、著者撮影）

かつ複数の影響要因を計測・数値化し、これを削減する必要がある。

海洋の生態系サービスの提供は、これを維持しなければならない。科学者の社会は現在と将来の海洋の能力を理解しその変化を予測し、かつ、人類の福祉と生活に対するインパクトを予測することが大切であるとする。

ＩＭＲは養殖業の温暖化による影響削減の取組を急ぎ、生産効率の向上、餌投与方法などの改善を現時点での対策であるとする。

ノルウェー養殖業の課題と将来

将来の養殖業の成長とその制限要因に関しては、ＮＡＳＦの発表者は生産面からも、消費面からも栄養状態の面からもサケと水産物が優れていると強調する。マダラなどサケ以外の魚種の養殖の可能性はほとんど言及されない。餌が制限要因であるとの理解は行き届いているが、具体的な特効薬は見当たらない。餌として昆虫の活用の可能性が言及されたが、微々たる量であり、現時点で将来に期待できない。今もサケが養殖の主体であり、それ以外の魚種が出てこない。サケも生産の伸びが停滞している。

フィヨルド内で養殖に限界がみられ、沖合域での養殖が推奨されているが、多大なコストがかかり、また、フィヨルド内の養殖との相対的なコスト比較で過大であり、その実現可能性に難があり、現在足踏み状態である。

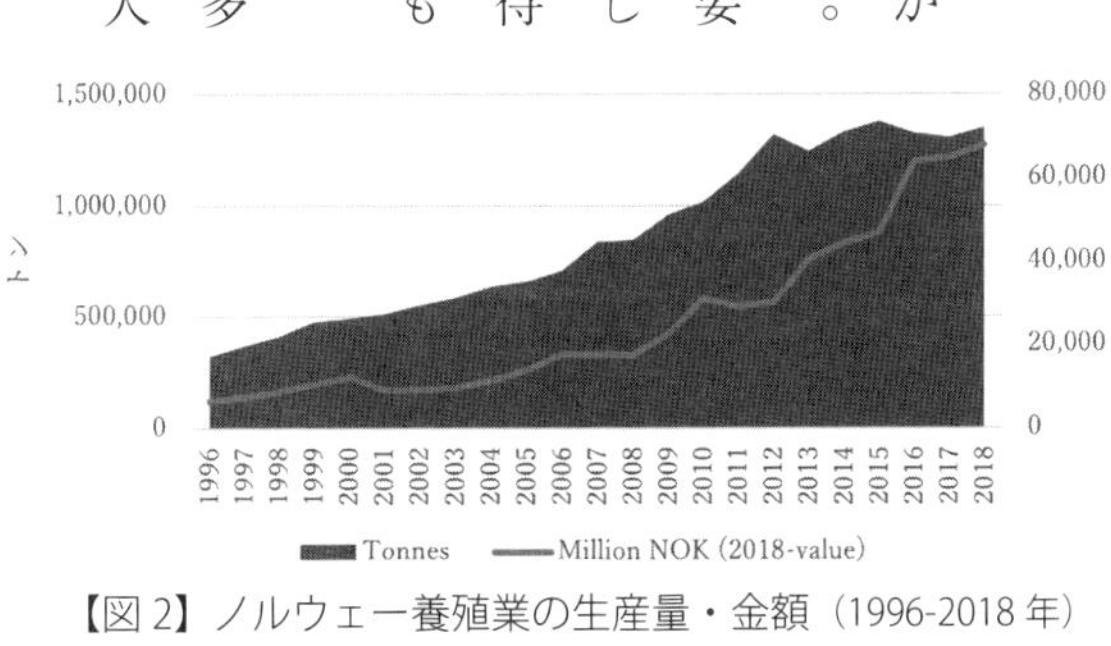

【図2】ノルウェー養殖業の生産量・金額（1996-2018年）

ノルウェーの投資銀行（ＤＮＢ）は、サケ養殖業の単位許可当たり生産性の低下を指摘している。今後閉鎖型海中養殖、陸上循環養殖（ＲＡＳ）と沖合養殖の可能性を探り、かつ餌の需要増に対する研究にも着目している。

また、ある小規模な投資ファンドは投資先としていかに自分の事業の特徴が出せるかがポイントであり、ＭＳＣやＡＳＣの認証はどうでもよいと強調した。

3　水産政策レビューを進めるノルウェー政府

ノルウェーの漁業に倣え

ノルウェーでは一九六〇〜七〇年代にかけてニシンの乱獲が一九八〇年代後半にマダラの乱獲が起こった。政府は、「水産業は地域産業に貢献する産業」から、「水産業を他の産業に劣らない経営の採算性の良い産業」とすると変更し、「資源を枯渇させない持続的な漁業の実現」という新たな目標を立てた。しかしながら政府は、純粋なＩＴＱ方式を採用せずに、漁獲枠を大型漁船（まき網とトロール漁船など）と小型漁船との間で線引きをして漁獲量を配分し、加えて、小型漁船は閉鎖グループとして漁船の長さに応じて更に細分化して、各階層の生き残りが可能とし、最も小規模な漁船（一一メートル未満）漁業に特別に配慮した。我が国へのＩＴＱの導入に際して最も好例は、大型漁船と小型漁船を分けそれぞれの漁獲枠を独立させたノルウェーの個別漁船漁獲枠（ＩＶＱ）である。日本政府も業界も詳しく学び即刻参考にすべきである。

漁業補助金の廃止へ

政府は、大型漁船と小型漁船の漁船構造調整（減船）もＩＶＱの導入に合わせて実施した。構造調整によって、漁船数は減少し漁獲コストは削減され、また、資源の回復と相まって、一隻当たりの漁獲量は増大した。利益率は向上し漁業者の収入は増加した。二〇一二年には漁業補助金を廃止した。日本は逆の政策と予算措置を行う。資源管理は、日本海スケトウダラ、スルメイカ、サケ、サンマ、とサクラエビは失敗ないし悪化に歯止めをかける対策がなく、相変わらず漁業共済補償金、セーフティーネットやサケ放流補助金が交付され、経営が悪化する漁業者の現状肯定と問題先送りに三〇〇〇～三二〇〇億円に拡大した水産予算を使っている。政府は、水産予算、特に漁業共済補償金の効果の総レビューを行い、資源と漁業経営回復に効果がなく、逆行する漁業補助金を廃止するべきである。

ＩＶＱと二一メートル以下の小型漁船の枠移譲

二〇二〇年三月ノルウェー政府貿易漁業省で養殖・漁業改革担当と漁業・水産業改革に関し会合した。〝政府作成の「ＩＶＱやリソースレントに関する漁業・水産業の改革報告書」は六月に議会で本格的に議論されるが、不確定要

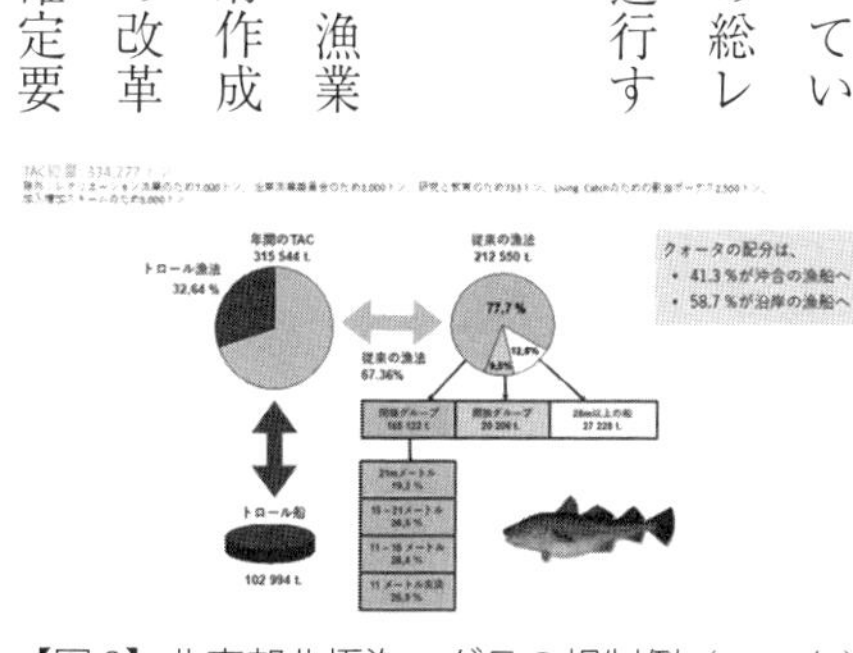

【図 3】北東部北極海マダラの規制例（2020 年）

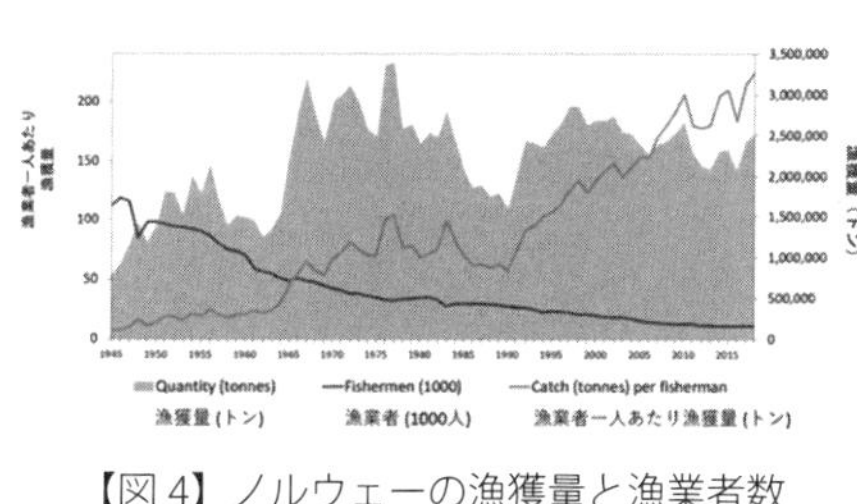

【図 4】ノルウェーの漁獲量と漁業者数
（1945-2018）

素がある。現在の政府は四党連立で多数を占めていたが、一党が脱落して三党で構成し、少数連立内閣となって不安定である。(二〇二〇年三月六日時点)〟と説明する。

ＩＶＱに関しては、現在は一一メートル以下の漁船階層では漁獲枠の譲渡が禁止されているが、これを譲渡可能とするかが焦点である。政府事務局からは、引き続き禁止する原案を提出したが、議論が噴出した。政府も譲渡禁止のままでは、一一メートル未満の漁業者の存続は困難と判断している。それでも、現行制度(譲渡禁止)を提案した。そこに若干のトリックがあり、実は制度が発足した当時の一一メートル以下は次第に大きくなって、実態上一一メートルを超える漁船がある。それらの漁船を上位の階層の一一メートル以上として漁獲枠集積を認めて移行させる。しかし、八〇%の集積を認めるが、残り二〇%については、属する階層の全員にいきわたる現行のシステムを適用する。彼らの操業区域も一一メートル以下の漁船とは区別がつくので一一メートル以下の漁船とは衝突・競合は起きない。真の一一メートル以下の漁船は今回も漁獲枠の譲渡は行わない。

4　ノルウェーの資源利用税

国民共有財産を法に明記

海洋水産資源が国民共有の財産であるとの法制度をノルウェーやアイスランドなどが整えた。また、米国は国民からの信託を受けて政府の責任で海洋水産資源を管理している。日本の沿岸域では民間の漁業協同組合が管理しているが、世界の資源管理体制とは大きく異なる。

海洋水産資源すなわち、国民共有財産を利用する者は当然に対価を国民に対して「資源利用税（リソースレント）」として支払う義務があるとの考えに基づき、アイスランドは既に二〇一七年に資源利用税を創設し、漁業者に課している。ノルウェーでは、養殖業は国民共有の財産である海、すなわち海面を占有し、使用し利益を上げているので、海の使用料を支払うべきであるとの国民や政府の意見が強くなってきた。

急成長遂げる養殖業

最近二〇年程度、ノルウェーの養殖業は急速に発展した。当初は小規模養殖経営者も多かったが、生産量は約二〇年で九〇%も増大し、さらに価格も最近五〇%も上昇した（ノルウェー貿易漁業省職員談）。

最近は少数の経営者に集約され、上位四社で全生産量の八〇%を占める。小規模養殖業者も多大な利益を上げているが、従来の小規模の概念には当てはまらない。

漁業に関しての資源利用税の議論は立ち消え傾向であるが、養殖業に関しては、具体的な議論のために専門家グループの委員会が発足した。この委員会は経済学者、税制の専門家、大学の専門家、養殖業界（養殖業協会から大小規模の双方を代表）、労働者協会と地方自治体のメンバーで構成された。

この委員会は政府の諮問に答え、報告書（勧告）を政府に戻した。これを基にし

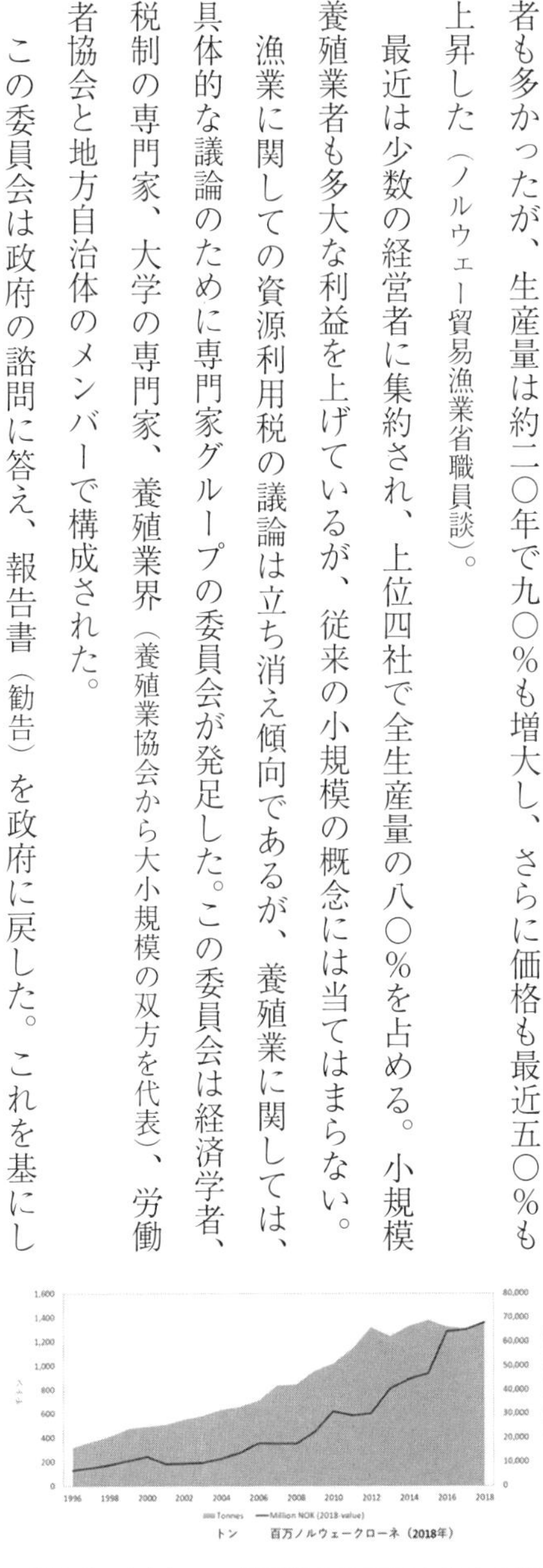

【図5】ノルウェー養殖業の生産量と生産金額（1996-2018）（資料　ノルウェー貿易漁業省提供）

て政府が議会への報告書を作成する。その報告書を基に資源利用税に関して財政委員会で検討がなされる予定である。

財政健全化で導入

これによれば、専門家委員会の多数は資源利用税の導入に賛成したが、業界、労働組合はその導入に反対した。しかし、その後両者は対案を提出して、譲歩を示している。

資源利用税は石油、水源とエネルギーでは既に導入されている。養殖業でも海面の広大な一定のスペースを占有、国民共有財産を使用するものであり、使用者はその利益を国民に還元するべきである。その方法が税金による国民への返還との考えが基本的なものである。

この議論を財務省が今後の財政健全化のために積極的に推進したがっている。

【写真2】オスロ市コンゲスゲイト通りのノルウェー貿易・漁業省の入り口

資源利用税収を還元―国民の年金や地方振興へ―

資源利用税の収入は国民の年金基金と地方財政の補填に当てるべきとの意見が検討されている

また、課税の対象に関しては養殖業収入に対してか利益に対しての課税の双方があるが、後者の方が有力である。この場合のコストの定義をどこまで見るか、赤字の際の処理はどうするのかなどが今後の検討課題である。

現在は養殖業には固定資産税が課され、また、輸出・研究振興の輸出税が課せられており、資源利用税が導入されれば、この税の廃止が俎上に上がっている。

資源利用税は他産業への波及や調達された税金が年金や地方の活性化などへ使われるかの関心も高い。

5 ノルウェー浮魚漁業のIVQ・漁獲枠の管理（その1）

補助金無くしIVQ導入─漁業、資源崩壊の危機を克服─

ノルウェーの漁船漁業は大きく二種に分かれる。ニシン、マサバやシシャモなどの浮き魚（彼らは「ペラジック」魚種と呼ぶ）を漁獲対象とする巻網漁業とマダラやハドック（タラ類）の白身の底魚を漁獲するトロール漁業である。ノルウェーはアイスランド、ニュージーランドや豪州とは異なり、ITQ（譲渡可能個別漁獲割当）ではなくIVQ（個別漁船割当）を採用した。

ノルウェーは、一九八〇年にニシン、ブルーホワイティングやマサバが不漁になり、このままでは全ての漁業が崩壊してしまう危機感から、政府は一九四〇年代から一九八〇年代に多用した漁業者の保護の補助金を削減し、そしてIVQを導入した。一九九〇年代に漁業の収益は大幅に向上した。この間、一五万人の漁業者は現在では約一万人に減少した。

浮魚組合がネットで魚価形成─効率、透明性と平等性を確保─

浮き魚販売漁業組合（Sildelaget）は「生鮮魚法」（一九五一年法律）に基づき設立され、その後の省令（一九九〇年他）に基づいて運営されている。

組合はノルウェーの浮き魚漁業者が出資し、浮き魚の販売を手掛ける漁業者と購入者のための組織である。漁業者の代表によって運営され、インターネット販売で二四時間営業している。浮き魚市場形成に効率性、透明性、平等性を目標に適切な価格形成に日々努めている。

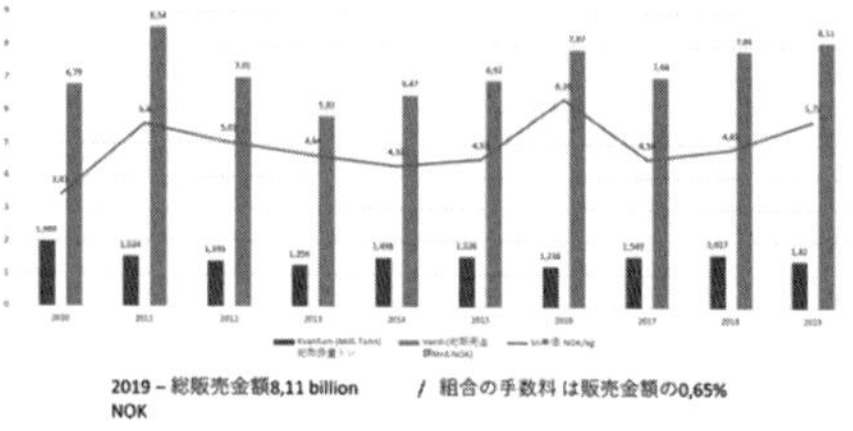

同法では、浮き魚の全ての取引は浮き魚販売漁業組合を通し入札し、販売しなければならない。しかし、一〇〇トン以下の小型漁船による漁獲は、組合を通さなくてもよいが、結果は組合への報告義務がある。一〇〇トン以上の漁船の全漁獲物は、ここの入札にかけられる。二〇一九年では販売金額は八一・一億クローネ（九一二億円）、一四二万トンを取り扱った。手数料は販売金額の〇・六五％（五・九億円）である。

2019 – 総販売金額8,11 billion NOK / 組合の手数料は販売金額の0,65%

【図6】総販売金額／総取扱量（2010-2019）

この手数料が結果的に過大であれば、翌年はこれを削減する。この手数料は調査に充当することもある。

漁船毎、魚種毎の漁獲割当量や消化量並びに漁獲枠の一〇％を上限とする翌年からの融通量など全てオープンで、スクリーン（大型のモニター）に掲載される。また、各漁船がどこで漁獲し、現在どこに位置し、そしてどこの港に入港するのかも把握できる。

職員は四三名、専門はコンピューター・サイエンスや統計処理や生物科学である。これらの専門性は日本の漁協の職員にはないところで、漁協職員の採用に関し至急日本でも真似をすべきである。

ICESの決定を基に国別配分―二〇年のマサバ漁獲量は二一万トン―

マサバ、ニシンやホワイティングなどの魚種ごとに漁獲量が決定されるが、二〇二〇年のノルウェーの浮魚総漁獲割当量は一、三〇四、二八六トンである。マサバのTACは二一三，八三〇トンで二〇一九年より増加した。

この漁獲枠は、国内の大型漁船に七〇％、小型漁船に二〇％でトロール漁船に一〇％の割当である。

これらの基はノルウェー、アイスランドやEU諸国が加盟する国際海洋探査委員会（ICES：International Council for the Exploration of the Sea）で科学的漁獲可能量（ABC）を決定し、それに基づいて国別の漁獲総量（TAC）を決定する

【表1】2020年のノルウェーの浮き魚・魚種別漁獲割当量

Species	2017(tonnes)	2018(tonnes)	2019(tonnes)	2020(tonnes)
大西洋ニシン	432.870	304.500	429.650	**399.451**
北海ニシン	145.282	179.391	114.677	**113.975**
マサバ	234.472	189.482	152.811	**213.880**
マアジ	33.295	52.881	64.991	**38.644**
シシャモーバレンツ海	0	0	0	**0**
シシャモーヤン・マイセンとアイスランドEEZ	59.326	73.824	0	**0**
ブルー・ホワイティング	410.892	421.100	356.251	**360.283**
パウト	204.235	90.978	82.230	**98.053**
いかなご	120.000	70.000	125.000	**70.000***
スプラット（ニシン類）	10.000	10.000	10.000	**10.000**
合計	1.650.520	1.514.656	1.335.610	**1.304.286**

（資料）浮き魚販売組合提供

ノルウェーの漁船は年間すべての魚種を漁獲しても約一二〇日の操業しかない。すなわち後は全く漁業をせず、家庭でゆっくりとくつろいでいる。

6　ノルウェー浮魚漁業のＩＶＱ・漁獲枠の管理（その2）

―ＩＶＱは漁業者が支配的に保持―一〇種類をＴＡＣとＩＶＱに配分―

浮魚漁船のうち大型漁船数は一九七三年には三一九隻で、八〇年代に急速に減船が進み、一九八五年には一五〇隻、二〇〇〇年には九七隻であった。現在は七六隻となった。

浮魚漁船では北海ニシン、太平洋ニシン、ホワイティングといかなご他一〇種類を漁獲する。大型まき網漁船七六隻（二〇二〇年）が全魚種（各魚種によって配分率は若干異なる）の総漁獲可能量（ＴＡＣ）の七〇％を、沿岸漁船（小型まき網漁船）の四〇〇隻（同）で二〇％を、五隻（同）のトロール漁船（デンマーク型巻き網漁船）が一〇％を配分され漁獲する。

日本は魚種が多様であり、ＩＴＱはなじまないというが、ノルウェーは一〇種類の魚種を、小型漁船から漁獲するので、ノルウェー漁船に日本人が乗船しＩＶＱ管理を習うことが早道である。

一方、各年のＴＡＣが前年の二〇％以内の変動に入るようにされている。資源が回復しても大幅な漁獲枠の増加は価格の下落を招き、漁業経営に悪影響を及ぼすことが懸念されるからだ。

漁業者以外の株取得制限

ＩＶＱ漁獲枠は漁業者しか過半数を保有できない。これが他国のＩＴＱとは決定的に異なる制度で、ＩＶ

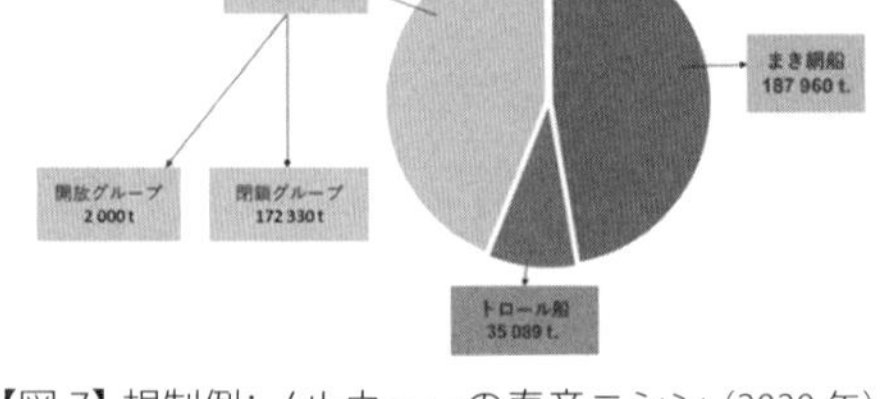

【図7】規制例：ノルウェーの春産ニシン（2020年）

Q制度の根幹の一部である。すなわち、漁業会社には加工業者や石油会社は四九％までしか株式を保有できない。また、自社の漁獲物であっても、漁獲されたものは必ず一〇〇％漁業販売組合を通じて入札して初めて、バイヤーの所有物になる。

洋上入札、一日七回—商物一致に拘らず—

入札は一日に七回行われる。食用魚種が四回の入札で、非食用魚種が七時三〇分、三時三〇分と九時三〇分の合計三回である。浮魚販売組合から漁船団への支払いの期限は一四日以内で、バイヤーが浮魚販売組合に支払う期限は一三日以内である。バイヤーは全て事前にクレジットを提供して、さらに銀行他からの担保も提供するので、未払いの問題が起きたことはない。手数料は漁業者から〇・六五％を徴収するが、バイヤーからは全く徴収しない。そのうちの一％を調査に支出する。

入札時に商物が一致していないが、漁船とバイヤーとの間で魚価の決定で大きな問題になることはほとんどない。

例えば二〇〇トン（四五〇グラムのサバ）と言えば一九〇～二一〇トン程度でよいし、価格は九九・九％がドッグ・プライス（水揚げ時価格）で決定されるが、加工場に持ち込んだ段階で決定されることもある。問題は魚体の脂の乗りである。小型漁船は航続距離が短く、遠隔の漁港に漁獲物を持ち込めないので、厳格な規定は適用されない。

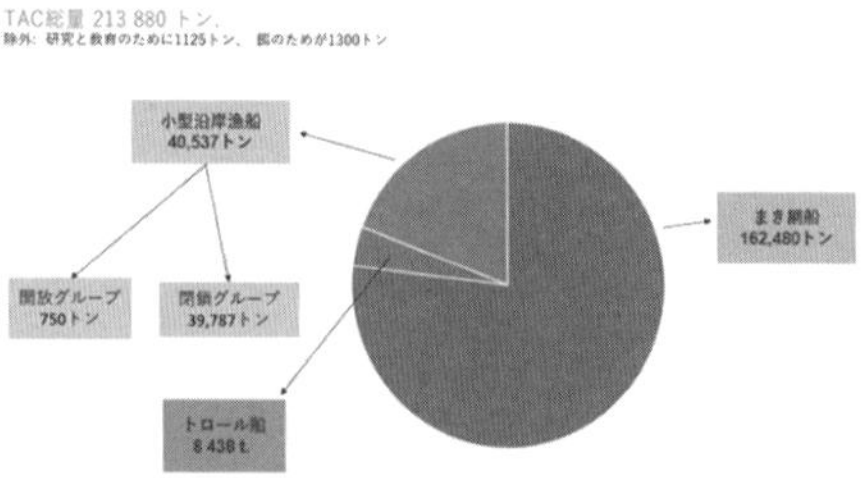

過去一〇年、魚価は上昇—小型船の魚価対策実施—

最近は水産物に対する需要が高まって、魚価はここ一〇年間上昇傾向にあり、法律で定めがある最低価格まで下落したことがない。しかし、その最低価格ではないが、小規模漁業者の場合は経済的な保護を価格面からも支援する必要があり、大型船などの平均の価格の八〇%を下回らない価格で購入することを奨励する。小型漁船は地元の小さな漁港のバイヤーの購買力も弱く、価格に反映しないおそれがある。

（注）三月上旬にベルゲン港への入港漁船があれば、これを視察したかったが、大型浮魚漁船は操業中で、入港漁船はがなかった。

【図8】規制例：サバ（2020年）

7 ノルウェーの海洋生態系と環境の劣化

漁業省からの独立—生態系管理へ向かうノルウェー海洋資源研究所（IMR: Institute of Marine Research）—

本研究所は、バレンツ海、ノルウェー海と北海の海洋生態系管理と養殖業に関する助言を政府、産業界と社会に提供する役割を有する。七五〇人のスタッフを擁し、高い専門性と現場直結の調査研究ステーションと調査船舶をベルゲン（本部）、トロムソなどに有する。また、海外諸国への協力の機能も有する。一八六四年政府の管理下で設立され、一九四七年には漁業総局（Directorate）のもとに属し、一九八九年から独立した研究機関となった。二〇〇九年の新海洋資源法の成立と施行から、単一魚種管理（日本が採用）から海洋生態系管理に移行している。研究に関して以下の通り（二〇二〇年三月時点）

【写真3】フィヨルド内のサケ養殖いけす
（2017年、ノルウェー政府提供）

天然サケの減少

天然の大西洋サケ（以下「サケ」という）の回帰量の減少はノルウェーでも大問題である。ノルウェーにはサケ回帰河川は約四〇〇河川あるが、サケ回帰に相応しくない状況が生じている。

一つは海シラミである。海シラミは養殖サケに寄生する。海シラミが河口付近に降下してきた二〇グラム程度の天然サケに大量に寄生すると死んでしまう。成魚のサケでは問題はないが小型稚魚では死亡原因になる。シラミ削減対策がノルウェー養殖業にとって大きな課題である。

マス資源も減少している。マスは降下しないで河川内でその生活が完結するものが大半で、サケが回帰する河川のほかにマスが生息する河川も数多くあり、その一部はサケ回帰河川でもある。マスも河川環境の悪化で資源は減少している。

天然サケ減少の理由は、北大西洋の中央部の生態系が変化したためではないかと考えている。海洋に生息する動物プランクトン・カラヌス属の種構成がある種から別種

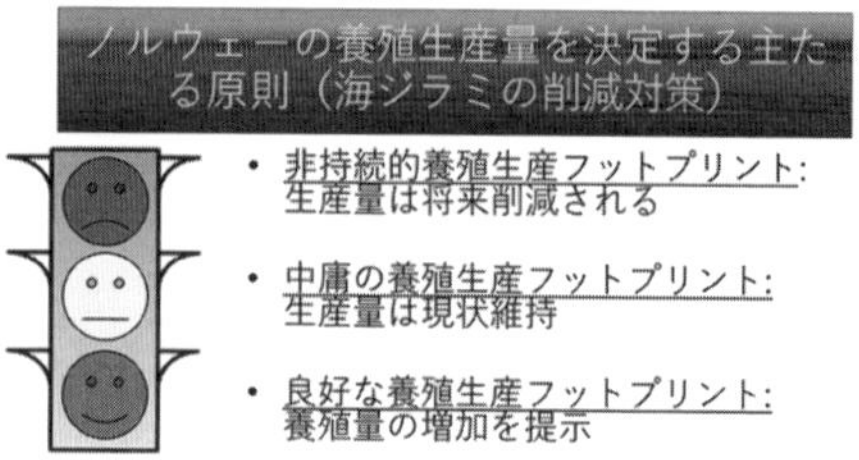

に変化した。これがサケの成長と沿岸性マダラの餌としても適切ではないと考えられる。

沿岸マダラ資源の減少

サケだけではなく沿岸性マダラ資源と漁業生産の減少も問題である。沿岸漁業の魚種はマダラも含めてあらゆるものが減少している。このために沿岸漁業の衰退がみられるので資源減少の原因究明を急いでいる。沿岸のマダラ資源はいくつ資源群があるかも、それぞれ相互に入り組みの状況も不明であるが、それぞれが独立して、かつ、沖合マダラ資源とも異なる。沖合マダラ資源も沿岸マダラ資源もロフォーテン諸島付近で産卵しているが、成長過程には、それぞれの沿岸域に入りこみ生活が完結する。

【図9】（ノルウェー貿易漁業省提供を著者が翻訳）

ダム建設も原因

河川でのダムの建設も原因である。ダムの水資源量がノルウェーでは貴重な電力源であり、電力が必要な時のために貯水し、放出し発電する。ダムがなかった時には、河川水量の季節変動があり、それに応じ生物が適応したが、現在は人為的に水量を放出し、自然の現象とはそぐわない。また、フィヨルド内の場所に人工港を造って、貴重なアマモを喪失した。

薬品による海シラミ除去

サケ養殖では海シラミの除去の対策として薬品を使う。トロムソ付近の甘えびの漁業資源減少は、その薬品の使用が原因かもしれない。

8　英国のＥＵ離脱

英国のＥＵからの離脱

ブレグジット（Brexit）とは英国の欧州連合からの離脱の事で、二〇一六年六月の国民投票の結果五二％の国民が離脱を選択したことによる。二〇二〇年一月三一日にＥＵ（欧州連合）から離脱した。一九七三年にＥＵの前身のＥＣ（欧州共同体）加盟以前も英国は加盟に懐疑的であったことが現在までくすぶった。

本年一二月三一日にはＥＵ加盟国の地位を失い、ＥＵ共通市場への参加も一二月三一日で失効する。従って英国から、欧州大陸への輸出品は、合意がなければ国境での検問を受け、関税が課せられる。ロブスター、エビや貝類など英国で水揚げされた水産物の八～九割は欧州市場で消費されるので、国境での輸入扱いでは混乱が生じる可能性がある。また、英国の二〇〇カイリ水域はＥＵ加盟国中の中で最大面積を誇る重要漁場であり、一二月三一日以降に操業条件に合意がない場合には、この海域で操業するフランス、デンマークやスペインの漁船が締め出される。フランスのマクロン大統領は、フランス漁船の継続的操業に強くこだわり、英国のジョンソン首相も漁業は独立国家としての象徴的な問題との立場で、小規模漁業者を中心に英国漁業者はＥＵ漁船の締め出しを大歓迎である。

ノルウェーの英国との貿易への見方

ノルウェーは、ＥＵには加盟していないが、ＥＵ漁船がノルウェー水域で操業することを嫌っている。これはアイスランドも同様である。そのノルウェーの最大の貿易の相手国はＥＵであり、全輸出の三分の二を占める。ＥＥＡ（欧州経済地域）として、ＥＵに加盟せず、ノルウェー水産物も検疫上特別の扱いを受けＥＵ市場への自由なマーケットアクセスを得て、生鮮サケが検査なしでＥＵ市場に輸入される。ノルウェー政府は英とＥＵ間で合意を得られない場合と合意が得られた場合の全オプションを検討中だが結局は一二月三一日以降のアレンジメント次第で判断することになるとしている。

生鮮サケがスムーズにＥＵの扱いを外れ英国に輸出できなければ、養殖業者にとっては大きな打撃となる。ハドック（タラの一種）などの白身魚は英国のフィッシュ・アンド・チップス（Fish and Chips）には重要であり、関税は懸念材料となる。

英国とＥＵの貿易―英国から見た漁業への影響―

国境制限無しが、生鮮魚介類輸出に極めて重要である。生鮮水産物が国境で足止められると価値が低下する。

ＥＵの各国漁船が英排他的経済水域内で操業しており、七〇万トンを漁獲する。英国漁船のそれは一〇万トンの漁獲にとどまる。英国漁船もノルウェー、オランダ、ベルギーやフランスなどで操業しており、相互主義が必要であるが、アンバランスである。しかし、多くの英国漁業者は外国漁船の操業に飽き飽きしており、追い出しを期待しているが漁業は英国ＧＤＰのわずか〇・一％であり高い政治レベルで、一二月三一日を過ぎても双方は妥協を模索しよう。

【図 10】英国の排他的経済水域
（濃い網掛け部分）の広さ（BBC 提供）

【写真 4】エジンバラ・シーフード・レストランでのスコットランド政府職員との会食の際の青ムール貝、手長えび、サバとタラのフライ
（2019 年 2 月）

9　スコットランドの漁業・水産政策

大型漁船は漁獲量が大。小型漁船は家族経営

スコットランドの漁業生産は英国全体の約七〇%を占める。大部分の漁業者は家族経営で、極めて小規模である。漁船数は二、〇六五隻でうち一、五〇三隻が長さ一〇メートル以下の小型漁船で、沿岸で操業する。かごや壷漁業で沿岸性タラ、底魚と甲殻類（手長エビ他）を漁獲する。

一〇メートル以上の漁船は五六二隻で六三%が貝類を主として漁獲する。三三%が底魚を対象の漁船で、四%の二二～二六隻の漁船がマサバなど浮き魚を漁獲する大型漁船である。

漁業生産量（二〇一七年）は四六五、七一〇トンで、漁獲量の多くをマサバが占め生産金額は五・六億ユーロである（七〇〇億円程度）。

大型漁船は許可制で漁獲割当量を保持しないと操業できない。対象魚種はマサバなどの浮き魚（Pelagic）、ホワイティング、マダラ、ハドックとヘイクなどである。

漁獲の管理

一九八〇～九〇年代に、大型漁船が対象とする魚種の資源状態が悪くなり、減船を実施した。効果が出てくるまでに七～八年を要し、次第にその効果が見え出した。最近二〇一四年から漁獲量が増大している。最近二年程度はハドックとマダラ以外の漁獲は良好である。

二〇〇〇年からは取締りを強化した。それまで漁業者が漁獲枠を守らなかった。違法操業は一二メートル以上の大型漁船一〇〇隻のうち五％で、九五％がまじめに漁業をしたが、五％の魚価形成に対する悪影響と漁業者への評判が悪くなった。厳しい取締りには漁業者も価格形成の適正化にかなうとの理由で協力した。また、二〇〇七年からは販売者と購入者の双方から、詳細な取引情報の提供を法律で義務付けた。これで購入者である加工業者などの購入データと漁業者の漁獲データの突合せができている。

一二メートル以上の漁船の取締りが厳しく

一二メートル以上の漁船にはＶＭＳ（漁船航跡モニター・システム）を導入した。一二メートル以上の漁船一〇〇隻程度のその航跡を追跡する。ホタテガイ桁引き漁業にカメラを搭載し、レーザー漁法漁船のモニターを強化した。漁獲成績報告書の提出を大型漁船はすべて義務付けた。この厳しい措置により漁業資源が回復し、漁獲量も増大してきた。

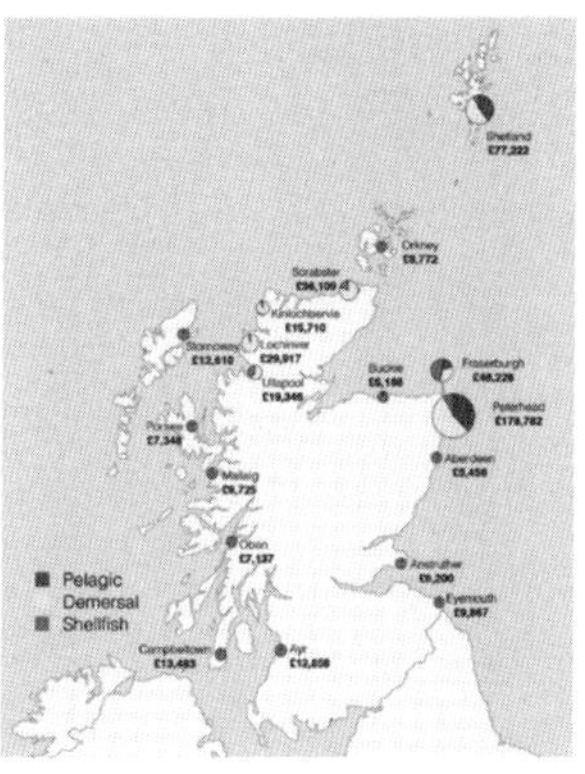

【図 11】スコットランドの漁港別の水揚げ量（2017 年）

ＩＴＱの将来

地域社会への対策として小型漁船を中心として、漁獲枠の配分はその配分をもって操業する範囲をスコットランド全域とはせずに、スコットランドの五地区（例えばシェットランドは南東スコットランドと併せては第一区域。第二区域はオークニーと北部スコットランドなど。）に分ける。その地域の中で有効なＩＴＱにする。その地域を超えての、漁獲枠譲渡を禁止し、大型漁船へのＩＴＱの集中を排除する。さらに、漁獲割当量は漁業者グループに配分する。その後、漁業者が自分らのルール下で操業する。漁業者が漁業から撤退し、廃業する場合には、その漁獲枠は実際の漁業者に譲渡することを義務とする。ＩＴＱは実際に漁業操業をする人・会社に漁獲枠を譲渡するが漁業を営む者以外の保有はできない。

養殖業

サケ養殖が中心で一六万トンで貝類養殖は一・七万トンである。養殖業の問題は海ジラミの駆除のため化学薬品を使用し、海洋生態系への悪影響がある。政府としては、養殖業に厳しい規制措置を課することを現在検討中である。

10　アイスランド　ＩＴＱと資源利用税の導入

―ＩＴＱ導入で漁業は安定―国民共有財産と位置付ける―

アイスランドは北大西洋中央部に位置し、島には三〇の活火山があり、国土の面積が一〇万三、〇〇〇平方キロである。また二〇〇カイリ排他的経済水域七七六万平方キロで日本の約二〇％である。総人口は三五万人で三分の二が首都のレイキャビックに居住する。

アイスランドは暖かく栄養分を含むメキシコ湾流と付近の冷水が混合し豊かな漁場を形成する。多様な魚種が生息し底魚はマダラ、ハドック、メヌケ、グリーンランド・ハリバットなどが、浮魚はマサバ、ニシン、シシャモとホワイテングがあげられる。最近の年間漁獲量はシシャモで左右されるが一五〇万トンである。全人口の四・五％が漁業分野で就業し、世界への輸出は二〇億ドル（約二、一八九億円、二〇一八年）である。

【図12】アイスランドの国土（漁業エコノミストのズベイン・ヒャルターソン氏提供）

乱獲での漁業崩壊でITQ

ところでアイスランドも一九六八年にニシン漁業が崩壊し、その後一九八三年の記録的なタラの豊漁年の後にタラの乱獲が起こった。いわゆる「コモンズの悲劇」である。そこで一九八四年からアイスランド政府は底魚と甲殻類に個別譲渡可能漁獲割当制度（ＩＴＱ）の導入を決定した。ＩＴＱは当初一年限りで導入され、その後、二年に延長され、漁業者からの評判も良く現在ではＩＴＱの継続期間年が無制限に有効である。

アイスランドは国際海洋探査委員会（ＩＣＥＳ）と海洋漁業調査研究所（ＭＦＲＩ）からの科学的根拠に基づき総漁獲可能量（ＴＡＣ）を設定する。ＩＴＱは各ＴＡＣの範囲内で、漁船に対し固定した割合で配分される。

最近のアイスランド漁業は非常に安定しており、資源状況も良好である。一時は小型化した一・四キロから一・八キロのマダラが現在では三・五キロから四・五キロになり、これらが資源とマーケットの安定をもたらした。現在はフランスの生鮮マーケットを中心に生鮮向け漁船で生産したマダラを出荷している。冷凍品の需要が落ちて、冷凍加工船の建造のウェートは年々減少している。

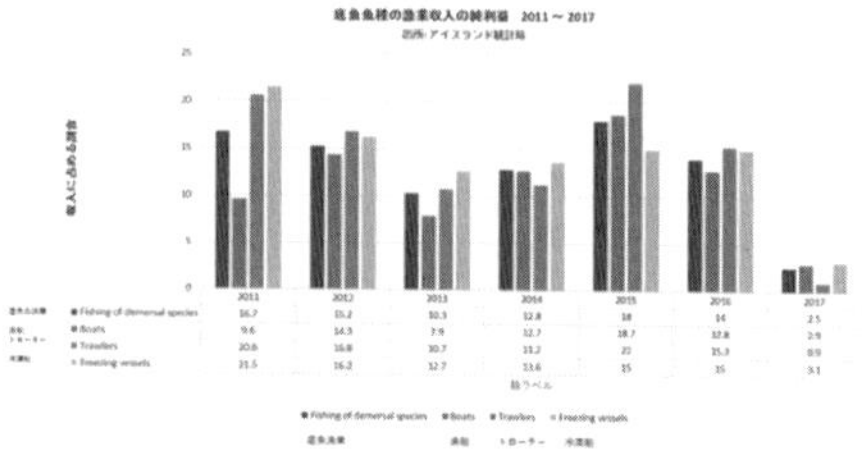

【図13】底魚魚種の漁業収入の純利益（2011～2017年、アイスランド統計局の情報を元に作成）
（注：2017年は乗組員のストライキのために操業できず、利益が減少。2018八年以降は回復した）

アイスランドはＩＴＱ制度を導入して成功した。ＴＡＣだけでは、人より先に獲ってしまい、過剰漁獲に陥る。ＴＡＣを守るにもＩＴＱが必須である。

進む合併、合理化と高性能化。

一九六〇年代に比べて漁船数も漁業者数も半減し一隻当たりの乗組員も三〇人が一四～一五名に減少した。その分乗組員の給料は増加する。漁業生産は安定しているが、漁船も水産加工場も年々集約される。漁船や工場がこれまで船齢が二〇年以上に達し、自動化、合理化、高性能化し大型化しているが、今後とも大型化と合理化・高性能化は進行する。

賃金は非常に高い水準を維持する。船長（Skipper）は平均四二八、〇〇〇ドル（約五〇〇〇万円）で乗組員が一四万ドルから二五万ドルである。会社数も合併を繰り返し減少しよう。

資源利用税を徴収

また、アイスランドは、漁業資源は漁業者が自由に漁獲できる資源から国民共有の財産という考えに変更した。そのため、漁業者から漁業部門に関して資源利用税（リソースレント）を徴収している。現在は五・七％でこれは、所得税とは別に徴収される。革新政党の時代に導入された。保守党に政権交代したが、保守党も国民や漁業会社不在で議論を行い決着した。

11　米国キャッチ・シェアと経済効果と遅れる日本

成功する世界のＩＴＱ導入―経済データまで収集する米国―

世界の主要漁業国でＩＴＱ（譲渡可能個別漁獲割当）、ＩＶＱ（個別漁船割当）ないしはキャッチ・シェア計画を導入した時期以降の国家全体としての漁獲量と漁獲金額の動向をみると、ＩＴＱ等を導入した後には、各国の漁業生産量が安定したか上昇し、または経営の統合や合理化で収益を維持している。漁獲金額については、一様に上昇している。

その意味で、ＩＴＱの導入と実施は成功していると評価できる。

ＩＦＱの効果を検証

ＩＴＱの導入諸国は、ＩＴＱによって資源の回復と安定化を達成し経常営利益を上げ、漁業総生産金額を増加させている。各国の漁業生産量、生産金額とＩＴＱの導入の時期など関係を示して、導入後の効果が検証できる。米国も二〇〇二年のＩＦＱ（個別漁業割当）の導入が解禁になった頃から漁獲金額が上昇している。

しかし、ＩＴＱの検証に最も適した経済的なデータは個別の企業・漁業者に属するデータであるが政府が収集していないケースが多い。そこで米国では二〇一六年、キャッチ・シェア（ＩＦＱを含むなど）を導入した漁業の経済的・経営データを、その導入から原則として七年を経過した漁業から取得することをＮＯＡＡ（National Oceanic and Atmospheric Administration：米国連邦政府海洋大気庁）ガイドライン（二〇一七年四月文書）で定めた。

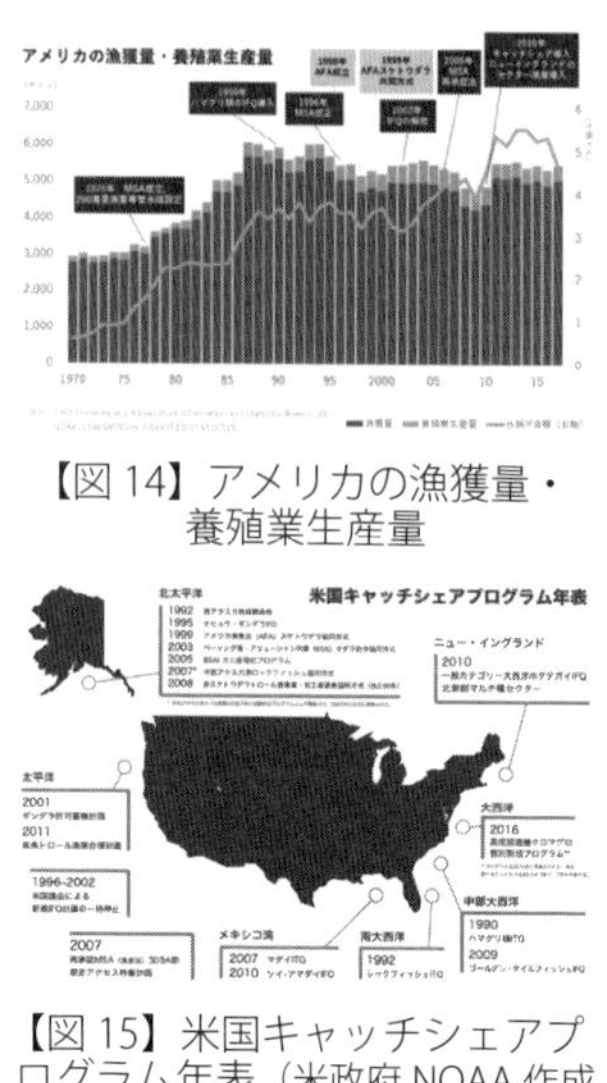

【図14】アメリカの漁獲量・養殖業生産量

【図15】米国キャッチシェアプログラム年表（米政府NOAA作成資料を著者が翻訳）

経済分析で目標評価

米国の場合、漁獲量はベーリング海での漁獲の二〇〇万トンの上限設定もあり、横ばいで推移しているが、漁獲金額は年々増加している。現在はキャッチ・シェア計画毎に経済的な指標が入手されるので、それぞれのキャッチ・シェアの経済的な分析と評価が可能となる。

各キャッチ・シェア／ＩＦＱの達成目標は評価できる。キャッチ・シェアの目標は一つでなくそれぞれのプログラムによって異なる。あるプログラムでは混獲の削減を挙げ、別のプログラムでは利益の増大を挙げる。減船（Rationalization）を目標に掲げるものもある。いくつかが七年後のレビューを終了した。

増大著しい利益―西海岸トロール漁業―

例えば、「西海岸のトロール漁業のホワイティングや非ホワイティングを漁獲するプログラム」は二〇一一年ＮＯＡＡ修正二〇に基づき西海岸底魚のＦＭＰ（Fisheries Management Program：漁業管理計画）を修正したものである。経済的利益を増やすために漁獲能力の合理化計画（減船）を実施し、それによってトロール漁業の漁獲枠配分の完全なる利用の達成や環境へのインパクトを調査し主漁獲と混獲の個別状況を記録することを目的とする。

キャッチ・シェアの目的は相互に相反する時もある。すなわち、減船による経済的な効果の増大は個人の経営の安定性を損ねる。しかし、これによって工船トロールの漁船数を削減し、漁獲効率を高め、操業の柔軟性と収益性を高め、合わせて、混獲や投棄魚を削減することにつながる。

純利益についてみると、二〇一一年から一五年までのトロール漁業の純利益は五四百万ドルで二〇〇九〜一〇年のプログラムが開始される以前の二五百万ドルに比べて二倍以上に増加している。特に減船を実施した工船トロールの純利益の増大が著しい。キャッチ・シェアはその目的を達成している。米国は経済データまで収集する。日本は漁獲データすら収集しない。データの収集も資源管理の達成も米国から遥かに遅れる。

12 最近の米国のキャッチ・シェア

国連海洋法会議から着々と国内固め

一九七〇年代に国連海洋法会議の交渉が大詰めを迎えていた頃、米国は、国連海洋法に外国漁船を排除し自国二〇〇カイリ内の資源を自国で独占的に利用する枠組みの条約案への組込みを積極的に図ろうとした。また、国内法である漁業管理保存法（マグナソン－スティブンス法：ＭＳＡ）の準備をしていた。

片や日本は遠洋漁業国の既得権として日本漁船の米ソ他の水域での操業の確保に傾注し、自国二〇〇カイリの資源の管理を国連海洋法を活用して、整備・強化する意図のかけらもなかった。このことがこの時代から五〇年を経過した現在の日米の差となった。

漁業生産量と金額はこの間に日本は約一二〇〇万トンから現在は約四〇〇万トンに三分の一となったが、米は一九七〇年代の約三〇〇万トンが現在は四四九万トン台に一・五倍に増加した。金額はこの間四倍の五七七九億円になり、日本は約三兆円が一・五兆円と半減した。

水産政策と科学研究に関する人員の投入、業務遂行能力も大きな差がついた。最近は、我が国の最大の水産研究機関である「水産研究・教育機構」が九つの水産研究所を二つに縮小統合し、本部もみなとみらいから東神奈川に都落ちし、スペースも七〇%に縮小した。

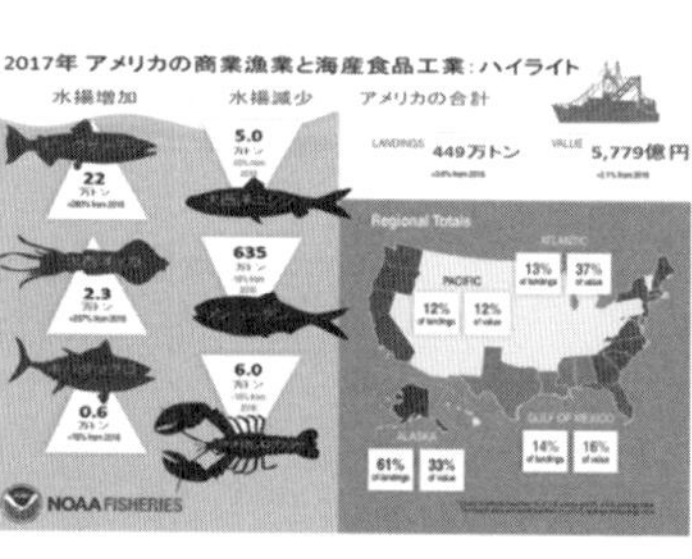

【図16】アメリカの商業漁業と解散食品工業：ハイライト（2017年、NOAA資料を著者が翻訳）

米国のキャッチシェア・プログラム（CSP）の総レビュー

米国の政策の基本であるデータの収集は更に進む。データがあれば政策は更に充実する。二〇一七年四月にNOAA（米大気海洋庁）はガイダンスを公表し、二〇〇七年一月以前にCSPの導入されたものは五年以内に、それ以後のCSPは五年後に、その後の第二回目のレビューから七年を経過したのちにレビューを実施するとの内容である。このレビューにはデータが最も重要である。CSP作成、その後の評価にもデータが基本となる。CSPが導入される前のデータは当然であり、CSPが実施後のデータを基にレビューが行われる。

レビューのチームは、CSPを開発・作成した専門家や行政の専門家も加えて、継続性が必要であるが、身内だけのメンバーにはしないことが重要で、地域漁業管理委員会の科学委員会や諮問委員会に相談し外部意見を入れる。

上記五／七年後のレビューに加えも毎年ＣＳＰに関しては暫定レポートを作成し、これによって、七年後レビューが容易に実行できる。重要なことはＣＳＰの導入前の当該漁業と導入後の当該漁業の比較である。ＣＳＰ導入で何が変わり、何が達成できたか、また事前の予測とどのように異なったかを知ることである。

レビュー実施の重要点

①レビューの目的②ＣＳＰのゴールと目的③当該漁業の管理歴史（ＣＳＰ、の導入前後）④当該漁業・海洋生態系の生物学／環境、経済、社会、管理の環境に関する記述⑤上記④に関するＣＳＰ導入後の効果⑥ＣＳＰのゴールと目的に照らした達成度⑦上記ゴールと目的が達成されない場合、何が達成されなかったか、その理由と⑧更なるデータを必要とする場合、ＣＳＰのどこがそれを必要とするのかを明確にする。

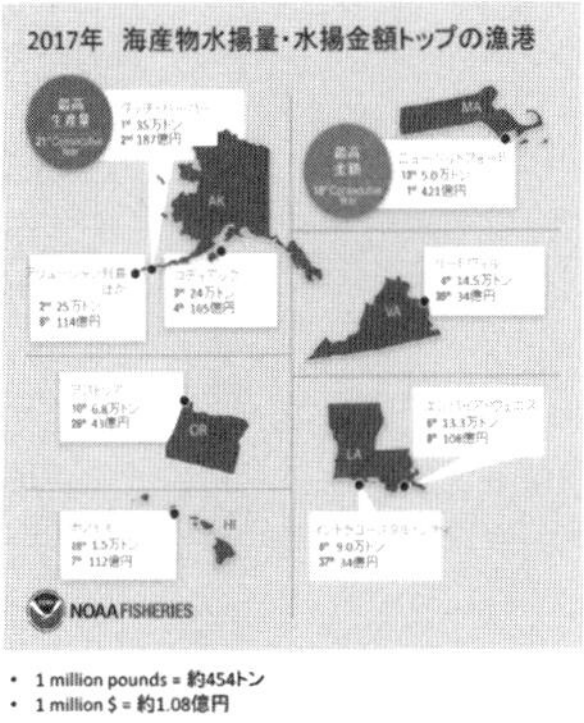
2017年　海産物水揚量・水揚金額トップの漁港
NOAA FISHERIES
• 1 million pounds = 約454トン
• 1 million $ = 約1.08億円
【図 17】海産物水揚量・水揚金額トップの漁港（2017 年、NOAA 資料を著者が翻訳）

日米の格差の拡大

米国はすでに多数のＣＳＰでレビューを実施した。これによってますます有用なデータが蓄積されている。そしてさらに有効で客観的政策のベースを得ている。日米の彼我の差はますます開く。

13 世界から遅れた日本の漁業政策と漁業法制度

今後も進行、日本漁業衰退―成長期待できぬ新漁業法―

二〇二〇年も終盤を迎え、北海道に回帰するサケもダメ、サンマ、スルメイカもサバも漁獲が大幅に減少したままだ。

一方、需要を見れば外食や観光とイベント需要が落ち込み、家庭内需要が若干は伸びたが高価値の水産物を消費するマーケットは、コロナ感染症が一段とボディブローとなる。

国民共有の財産の位置づけなし―データ提出の義務もなく―

各国との漁業政策と法制度を比較すると（表を参照）、日本の科学管理の遅れは一目瞭然である。日本の漁業の世界からの遅れは更に加速しよう。

改正漁業法では、漁業の法体系の基本である「海洋水産資源を国民共有の財産」との位置づけもないし、沿岸漁業や知事許可漁業からの漁獲データ提出の義務付けや罰則もない。これでは漁業と資源の管理はできるはずもない。

政府は海洋水産資源の漁獲の早い者勝ちを許容する「無主物先占」を至急改めて「国民共有の財産と法的に位置づける」ことである。無主物で、漁業者が取ったもの勝ちと思うから、漁業調整機能と自主規制が永遠にはびこる。漁業者の管理を目的としてはならない。科学的客観的な言葉で「海洋水産資源」を管理することである。

漁獲データが重要である。国民の財産から利益を上げ漁業を営む者は、国民と自然・資源に感謝すべきで、その利用に関しては漁獲報告の義務がある。そのデータに基づいて国家は科学機関を通じて資源管理と漁獲量管理ができるのである。

世界の主流はITQの管理

世界は譲渡可能個別漁獲割当（ITQ）に舵を切った。ITQ魚種が数十におよぶ。漁業の回復を促し、成長産業へと実績を積み上げでいる。ITQは資源管理、経営の合理化と組織・会社統合にも有利で無駄な操業を抑える。エネルギーと過剰投資も節約し海洋生態系アプローチにも有効であるとされる。

漁業権では養殖業は衰退　許可制へ

一九一〇年の日本の韓国併合時に日本の明治漁業法を起源に持つ現在の韓国漁業法ですら、漁協への漁業権制度から養殖業を外し、直接個人事業者毎に免許し養殖業を発展させている。現在の漁業権では実際に養殖業を営まず場所代を不労所得として得る羽織漁師がはびこる。また、やる気のある若者の事業拡大の意欲を害する。集団体制の漁業権では「俺の目の黒いうちは」という年寄りの頑迷な意見が通る。世界には漁業権での養殖の免許国はない。どこの国も許可制である。まじめな養殖者に許可は与えられる。

日本と米国他の漁業政策と漁業法制度の差が漁業・養殖業の伸びと発展の差になって表れた（表2を参照）。

漁業法改正が施行されても、「新漁業法」に急激かつ劇的に成長を促す要素は見当たらない。新漁業法制度では更なる衰退が起きよう。今の政策と法制度を根本的に変えることが急務だ。

【表 2】日本と世界の漁業政策・法制度（2020 年 12 月 4 日現在）

	日本	米国	豪州	ノルウェー	韓国
海洋水産資源の所有者	無主物先占	国民の付託を受けて国が管理	国 / 州民の所有 付託を受けて国 / 州が管理	居住者の所有 国が管理	国民の財産 国が管理
科学資源管理 /ITQ	漁業調整機能 科学的根拠に基づかない自主規制 ITQ 導入できず	17 プログラムにキャッチシェア（IFQ）	連邦政府は 22 魚種 34 漁業に ITQ	約 25 魚種に IVQ	11 魚種に IQ 民間ベースで ITQ マサバとベニズワイガニで ITQ 検討
養殖業	漁協管理の漁業権	連邦の個別事業者への許可制度	州の個別事業者への許可制度	政府の個別事業者への許可制度	個人への免許 漁業権　事実上許可制
漁獲データの収集・提出	大臣許可漁業では提出が遅い。沿岸漁業は漁獲データ無し。販売データのみ	全漁業でデータを収集 IT 化も促進	全漁業でデータを収集 IT 化も	全漁業でデータを収集	全国 180 漁港でオブザーバー立会にて収集：オブザーバーの断言を優先
漁業 / 養殖業の発展	大きく衰退 漁業養殖量 3 分の 1、金額は 2 分の 1	大きく発展 漁獲量 1.6 倍 金額 5 倍	発展（特に養殖） 漁業養殖量 1.25 倍	発展（特に養殖） 漁獲・養殖量 2 倍、金額 2 倍	養殖 54 万トン（1980 年）が 232 万トン（2017 年）

各国統計や政府文書ならびに政府からの聞き取りを基に著者が作成

【第Ⅳ章】世界と日本の食品卸売市場

1　世界と日本の卸売市場の課題と将来

細る水産物流通

世界の卸売市場は変化の中で、新たな対応を迫られている。日本の卸売市場も漁業・水産業の変化の中で、諸問題に直面している。それらの変化と諸問題には卸売市場も既存の枠組みと考えでは、十分に変化に対応できない。これらの変化の中で日本は、漁業生産システムの老朽化と劣化による生産体制の脆弱化、漁業生産量減少と質の劣化があげられる。最近の産地市場の状況は、水揚げ物がみられない悲惨な状況である。気仙沼市場ではカツオ他の水揚げがなく市場を休み、函館市場も物がスルメイカも含め少ない。消費地中央市場にも水産物が流通するはずもない。

卸売市場を取り巻く諸変化

世界と日本の卸売市場を取り巻く変化を見ると、①ネットの発達と直接販売の増加並びに生産者や輸入業者ほかによる市場外流通の増加、②市場内流通とそのサービスの多様化、③消費者年齢や家族構成と働く女性の増加と家事時間の変化、調理への簡便性と時間の短縮のニーズ、分別ごみ収集の導入、④密封式の集合住宅への居住環境の変化、⑤国民が自然から遠ざかる生活・教育の変化が複合的、総合的に影響している。一方、消費者の関心は食の安全と安心と供給される水産物が環境にやさしいか、持続的に漁獲されたものかが問われる時代になった。

世界でも日本でもスーパーマーケットなどで、資源の持続性を前面に出して販売するコーナーが出現している。

このような問題とその解決策は、世界に共通するものであるが、それぞれの国の地理的特徴、気候風土の違い食文化の違いで各国は地方の特有の問題をも抱える。したがって、卸売市場を取り巻く変化への対応も世界と日本では共通点と違いの双方が当然みられる。

世界と日本の卸売市場の現状と将来展望

筆者は、日本国内の水産物卸売市場(消費地中央市場と産地地方市場)を数十年にかけて回り、その変化を観察してきた。本年に入ってからも豊洲市場は頻繁に、広島市場、札幌市場と大阪市場を回った。新装がなった境港も視察した。また、最近一〇年余り、世界の卸売市場は水産物市場、花卉、食肉、バターと青果市場を視察し関係者との協議を重ねた。フランス・パリの巨大な総合拠点市場であるランジス市場、米国ニューヨークの新フルトン・フィシュ市場、豪州シドニー・フィシュ・マーケット、ニュージーランドのオークランド市場、ロンドンのビリングスゲート市場と韓国のソウル市内の可楽洞(ガラクトン)市場、鷺梁津(ノーリャンジン)市場と釜山ジャガルチ市場である。この他、オランダのアルスミア花卉市場も回った。

日本では、二〇一八年に卸売市場法、食品流通構造改善法と漁業法が改正されたが、根本的な解決策が期待される現状の要請に、これらの法律改正は応えていない。また、新たな豊洲市場も安全と品質管理は向上を目指したが、現在の卸売市場を取り巻く変化する環境に対応するものとなっていない。

【写真 1】札幌中央市場のセリ場（2019 年 7 月）

【写真 2】ニューヨーク新フルトン・フィッシュ市場（2019 年 5 月）

今シリーズでは、日本の卸売市場の現状と課題に触れ、世界の卸売市場の動向を踏まえて、将来展望と解決策の一助となることを目的とし、世界と日本の卸売市場と水産物流通についてシリーズで連載する。

2　パリの巨大ランジス市場の成り立ちと現在

ランジス市場の移転の経緯

ランジス市場はそれまでパリの市内のシテ島付近にたった七ヘクタールで、水産物と青果市場として存在していたが、一〇年の検討期間を経て時のシャルル・ドゴール大統領とパリ市長が政治的決断でパリの南郊外にあるランジスへの移転を決定した。その時は別の場所にあった食肉市場も統合した。ランジス市場付近は当時、農家しかなく、広大な土地があった。市場の土地は国家が所有した。

【写真3】国際プロジェクト部長 Florian de SAINT VINCENT 氏（2019年2月）

ランジス市場は一九六九年三月に開場した。今年の三月には五〇周年を迎えた。当時から高速道路へのアクセスも良かったが、市場建設後さらに高速道路網が整備されて、パリ郊外とパリ市内への双方のアクセスへの効果が高まった。フランス国内には二三か所の卸売市場がある。ランジス市場の次に大きいのがわずか二〇ヘクタールしかなく、ランジスとは競争関係にもならない。ランジス市場は二五〇ヘクタールある。それは、取引の行われる卸売市場施設が立地する場所の面積であるが、そのほかの倉庫・ロジスティックの中心地としての場所がそれ以外に四〇〇ヘクタールを占めている。

入荷量の減少が続く

年々水産物も他製品も入荷量が減少している。市場まで購買者が来る頻度が以前は隔日であったものが、現在では二週間に二回程度になっている。購買者はインターネットか電話で配達の要求を行い、自分では買いに来る頻度が少なくなった。この傾向は今後とも継続すると思う。

ランジス市場が開所した当時の卸売市場の取扱量の占める割合は一〇〇%であった。極端な現象はランジス花市場で世界の花卉の中心市場であるオランダのアルスミア花卉市場は、インターネット網を発達させ、パリ・ランジス市場を経由しないで直接インターネットで小売店に販売するようになり、ランジスでの花の取扱量は五〇％も減少した。

ロジスティック機能の活用へ

現在では、市場の外側にある倉庫やロジスティック機能の活用によって、この場所から、パリ市内とパリ郊外やヨーロッパの各地にトランジットとして運搬する役割が急増しており、卸売機能が五〇％に減少し、ロジスティック機能が五〇％までに増えてきた。卸売の市場の役割はスーパーマーケットの進出とインターネットの活用で益々減少する。

一方でランジス市場の優位性を生かした「B to B」の取引を増加する。パリ市内の高級なレストランや小売店は、ランジス市場の提供する高品質のものを評価している。また、パリ市内は手狭であり、大型のスーパーマーケットが進出できない。せいぜい小型のスーパーマーケットである。そうなると大型のスーパーマーケットが市内では安くて質の良いものを提供できないので、その分ランジス市場の出番がある。現在パリの住人は忙しすぎて、安いスーパーマーケットで買ったサンドウィッチなどの簡便なもので済まそうとする傾向があるが、一方で、週末や特別の日には高級なものを食べたいとの意識が働く。

【写真 4】早朝のンジス市場；水産卸売 Reynaud 社（2019 年 2 月）

3 パリの巨大ランジス市場の水産物の取り扱い

ランジス市場の概要

ランジス市場はセミナリス（Semmaris〈市場管理運営会社〉）が運営責任を有し、政府と民間からのそれぞれ七〇％と三〇％の出資で形成されている。土地と建物は政府が所有し、入居者はそれぞれのスペースに応じて、使用料を支払う仕組みになっている。

ランジス卸売市場の面積は二五〇ヘクタールで、敷地内で卸売市場パビリオンの外に倉庫群が立ち並ぶ空間が約四〇〇ヘクタールある。これらがフランスとヨーロッパに輸送する際のロジステック機能を提供するハブの役割を果す。

ランジス市場の敷地内には一、二〇〇の会社が存在する。トレーダーは日本の卸売会社とは異なり産地で直接買い付けをし、市場では直接レストランや小売店ないしスーパーマーケットに販売する。また、他の会社は、関連資材販売会社並びにレストラン及びその運営会社である。またトレーダーのうちReynaud社のような巨大な水産会社は、家族経営の小規模な会社を買収しながら、パリ市場で最大の水産会社となり、倉庫業やレストランなども経営している。

水産物の取り扱い

水産物の取扱は年間九万トン金額で約九億ユーロ（一、一二六億円）（二〇一四年）である。築地市場二〇一七年で三八万トン：四、二七七億円）である。したがって築地・豊洲市場の四分の一の規模である。これらの

【写真5】水産卸売場：パビリオンの全景

【写真6】買い出し人の保冷トラックが横付けで待機

取扱量は年々減少の傾向にある。水産物の取り扱いの場所は第四パビリオンの中にあり、規模は長さ二〇〇メートル、高さ一〇メートル、幅が一〇〇メートル、二ヘクタール程度で大きくはない。

密閉式の室内の温度は八～一〇度で豊洲市場の第七街区の一五度より低く肌寒く感じる。これはエアコンの空冷と氷による冷却の二種類で冷却されている。ランジス水産売場ではセリは一切しない。セリは産地で行われてきており、品物は、市場を訪れるか、ネットで購入する。直接購買人とトレーダーの間で価格が決定される。価格の決定は、同一品目でも購入数量、サイズ、定期的な購入かなどによって異なる。水産物市場の開場は火曜日から土曜日まで。売れ残ったものは、各トレーダーが保有する冷蔵庫に保管する。

しかし、鮮度や品質の問題もあるので、すべてを二日以内に売り切る。

一般市民への市場の開放

密閉式で高度衛生管理の行き届いた豊洲市場ではその開場以来、一般客に第六街区の仲卸市場を開放するかどうかは、その建設概念と対立しかねない。一般訪問客が築地の仲卸業者から直接で購入した金額が一二月では総売り上げの二〇～二五％に達したとも言われる。

豊洲市場に一般客を呼び込めば衛生や安全性への担保が懸念される。ランジス市場とロンドンのビリングスゲート市場で一般客の対応についてみると、ランジス市場では、市場内をめぐるツアーが組織されている。衛生上、白衣を着て商品には触らせない。一定のラインの内側には入れない。購買と商品への接触は禁止である。現実には接触は多くある。

【写真7】市場の開放：政府の方針でツアーを実施

4　世界と日本の卸売市場の将来

必要に応じて施設の整備と建設

ランジス市場は年間に一六七万トン～二二〇万トンを取り扱うがそのうち半分が卸売市場経由の販売で、残りが倉庫などを経由する配送・トランジットである。

食肉は鳥類、豚類、牛肉や羊・ラムの枝肉がぶら下がり、小腸など内臓、舌と睾丸各種臓物などを取り扱い品目が多種にわたり、フランスは日本と異なり、肉食文化国である。

有機食品はＢＩＯと一般に呼ばれており、有機食品の建物（パビリオン）は三年前に完成した。このパビリオンも含めてランジス市場は年ごとに新しいパビリオンを建設して、時代のニーズに対応する点は豊洲市場

【写真9】ムール貝

【写真8】カキ

とは異なる。最近でも七月には新食肉のパビリオンが完成する。鳥類パビリオンは五年前に建設された。

販売商品に表示が徹底

最近は冷蔵品の販売だけでなく加工品の販売も増加している。海藻の人気も高まり、海藻サラダの販売が増加している。

調理済の加工品も多い。袋から取り出してすぐに食べられるものが増加中である。

ムール貝とカキ生産地は仏ノルマンディー地方である。七〜八センチの大きさである。発泡の箱や麻製の袋に入るものが多い。

Reynaud社の表示が札に表示してある。カキは殻付きで、むき身は全くない。Gillardeau社も自社のカキを明確に表示し他社製品と分けマークが消えない仕組みを開発した。トレーダー（卸売会社）のマークが付けられ、差別化と責任所在が明確になっている。

ＢＩＯ表示は、野菜や果物と鶏肉などの農畜産物に多かった。水産物のＢＩＯの表示は養殖物である。日本でいう有機栽培である。餌や生育の環境に大変にこだわっていることを示している有機栽培の原料とした各製品を販売している最新パビリオンではしょうがのようなカバリオン、有機レモン、リンゴとマンゴがあった。それらの原料から作られた香辛料や加工品も有機食材として出回っている。まだ少数派で有効な地位を占めてはいないが、これからの商品であろう。

【写真10】BIO表示のあるエビ

食肉パビリオンでの表示（ラベリング）

食肉のパビリオンは、と殺場を併設していない。製品は加工され多少手を加えれば調理ができる。ウサギも頭をとられ、内臓を取り販売される。カモ肉も同様である。鶏は頭を落とされ、ブランド名を張り付けられる。

製品への表示貼付は水産物より鳥類が数段に多く、表示内容も明快である。豚のもも肉とハムが冷蔵庫の棚において熟成（Aging）中で熟成肉にも表示（ラベリング）がきちんと施されている。

市場内の食のプロフェッショナル

牛の枝肉が吊るされ、牛頭が並べられ、専門の職人が熟練した巧みなプロフェッショナル技で頭部から頬肉やあご肉や舌をとりだす。睾丸、小腸と胃袋もふくめて内蔵類もすべて消費に回り余すところがない。このようなプロフェッショナルの技は日本の場合、マグロなどの水産物の裁断などにみられる。国が違えば食が違い。そして職人の出番も異なる。

【写真 11】鶏肉のブランド

【写真 12】豚肉の熟成

【写真 13】解体後の牛枝肉

5 新しい消費者と生産者の関係ロンドン・ボロー市場

ボロー市場の歴史と改革

ロンドンの中心街のボロー市場は、果物と野菜の市場として、一〇一四年に起源がある。荷を持ちこむ家畜と人の混雑が問題となった。一六七六年にはロンドン大火がボロー市場も焼き尽くしたが、家畜と買い出し人による混雑は解消できなかった。英国議会は一七五四年にボロー・マーケットの閉鎖を決定した。

しかし、地区住民は、議会に請願をして、一七五六年に近くの別の新しい場所で住民用として営業を開始し次第に住民用を超えての営業が行われた。一八六二年にこのマーケットに鉄道が開通し、ロンドンの人口が急増し市民による青果と果物に対する需要が急増した。

【写真 14】ボロー市場内の露店
（2019 年 2 月）

一九三三年には卸売会社の営業がピークに達した。

一九七〇年代に入り、ウェストミンスターにあった青果市場が南東のテームズ川沿いに移り、巨大な Vauxhall 地区での青果市場が建設・開業が契機となって凋落を迎えた。スーパー・マーケットによる流通形態の破壊が主たる原因である。卸売会社が次第に撤退した。

一九九八年に消費者用の小売りのマーケットとして再活性化が始まった。まず、最初はイベントを開催し一九九八年の三日間の Food Lovers' Fair で五〇軒の最良の生産者が集まった。その後のイベントも大盛況であった。

第三土曜日に毎月イベントを開催し、毎週のイベントへ。現在は毎日開催される。

現在の目的と機能

現在のボロー市場は小売や消費者と直接対面販売する商店の市場となっている。ボロー市場の概念は、これまでの卸売市場とは全く違う。第一に消費者と生産者の直接のコンタクトを目的にした。生産者も独自に生産を手掛ける。自ら生産しない人は営業はできない。コミュニケーションは、ネット社会が発達するほど重要になる。消費者は直接ものを見て買いたい。生産者も自分たちの顔が見える形で販売したい。その間を取り持った。

消費者も承知でこの場所に購入に来る。通常の日にはロンドンの消費者が多数購入にやってくるが、週末は、世界中からの観光客であふれる。

【写真 15】典型的な屋根付き売り場（2019 年 2 月）

第二の目的が将来の世代に、自足的な食料を生産する環境を提供・継承すること。環境と生態系に配慮して、生産、消費や包装を行う。プラスチックの包装が大きな問題になっているが、基本的に禁止している。しかしプラスチックの包装が食品を長持ちさせる場合には、プラスチックを認めている。各店舗は環境や生態系にやさしく生産されたものを持参している。また、ペットボトルは販売しない。敷地内に水を補給できる蛇口があり、だれでも

【写真16】案内のDavid Machett氏（2019年2月）

入れ物に水を入れることができる。

第三に、マーケットの販売で売れ残った商品は、これを最貧の者に提供することにしている。この活動は「Plan Zero Waste」と呼ばれ、売れ残った商品をボランテアの活動によって収集し、最貧のロンドンの人々に無償で配布する。昨年は九、〇〇〇キロの売れ残り商品が収集されて、慈善配布された。

現代の流通は大きな問題をはらんでいる。余剰があればそれを必要とする人に配布・届ける。

6　英国ビリングスゲート水産市場（その1）

設立から資源管理が市場の使命

ビリングスゲート・フィシュ・マーケット（Billingsgate Fish Market）は一七世紀以前からの古い歴史があり、この市場で取引される水産物はすべて魚食会社（Fish Mongers Company）を通じて売買が行われるように、法律で定めれた。商売と利益を目的とした会社ではなく、取り扱われる水産物の検査を実施し、魚類資源の管理を成功させるという特別の機能を持った会社である。

この市場は元々ロンドン搭とロンドン橋のテームズ川沿いの街の中心に位置していた。一二七二年に議会で憲章が定められ、取り扱いがすべて「魚食会社」を通すこととされた。一六〇四年には英国王ジェームス二世によって、売買される水産物はすべて検査の対象とする内容を持った憲章が定められた。その後、バイヤー用の駐車場が手狭になり、交通渋滞のもとになり、ロンドン市の中心部を捨てて、東側のロンドン・ドックの現在地に移転した。

一九八二年に中心街からロンドンドックへ

【写真 17】市場の入り口（2019 年 2 月 7 日午前 6 時）

運搬船での海上輸送が、コンテナ輸送に変わったことで、運搬船は、時間をかけてロンドンまで来なくなり、英国の南岸や東岸でコンテナを下ろし、そこから、ローリー・トラック車でコンテナを積んでロンドン市内まで運んだ。そしてロンドン・ドックの倉庫は空き家になった。ロンドン市がこの場所に目をつけて、一九八二年に移転をした。

当フィシュマーケットは日曜日と月曜日は休場である。したがって火曜日の取扱量が大きくなる傾向がある。週末の残り物を買うかどうかは購買人の腕による。開場は朝四時から八時までで七時ごろを過ぎると荷物がなくなる。清掃は自身のロットはその店の担当であるが、通路など共通の場所は魚食会社の責任で清掃する。年間の取扱量は約二五、〇〇〇

【写真 18】案内の Chris Leftwich 氏と（2019 年 2 月）

【写真 19】市場内のトレーダー（2019 年 2 月 7 日午前七時ごろ）

トンで過去二〇年間は、横ばいである。取扱金額は三〇〇百万ポンドである。移転後は三五〇〇〇トン程度の取扱いがあったがその後減少して、横ばいになった。商売ロットは約一〇〇程度あるが、その数は変化がない。業者からは、スペース当たりの負荷金を徴収しているが、それが床・フラットとコーナーでは金額が異なる。また、一つのユニットはとても小さく三メートル×四メートルで通常は一件のトレーダーで三〜四ユニットを所有する。また、これらのトレーダーが三〜四軒の複数の店舗を所有する。最近は、外国の経営者が増加している。

一般人も入場も購入可能

トレーダーは、全員がレストランや小売りに販売し、入場自由な一般人にも販売する。彼らは、グリムスビー（Grimsby）などの水揚げ港で水産物の入札を終えており、Billingsgate Fish Market では、セリはしない。販売場のスペースの外に、ローリー・トラック車が積み荷を降ろすマイナス二五℃程度の冷蔵施設がある。そこで荷の積み下ろしをして、一部を店舗で展示する。ある水産物は店舗で見本販売をし、直接レストランなどが購入する。

7　英国ビリングスゲート水産市場（その2）

市場を一般人に開放方針

ビリングスゲート卸売市場では一般人にも販売する。この際、水産物の衛生と安全の確保は重要関心事で、入場者は手を洗い、白衣を着て、手袋をつけてもらうのがよいが、コストも時間もかかし、白衣や手袋の使用後のごみの発生と処理の問題も出る。実際はビリングスゲート卸売市場では上記の対応はしていない。生鮮品が多いので、一般人には一切商品に触らせない。その方針と実施で何ら問題は起きたことがない。

最近の水産物は約五〇%が養殖物で、養殖サケ、養殖スズキや養殖ターボットが目だつ。また、ロブスターはカナダから空輸され、スリランカからロインのキハダまぐろやインド洋のアルフォンシーノなど外国産が増加している。

【写真 20】市場内の冷凍食品売り場（2019 年 2 月）

生鮮と冷凍別では、生鮮が六〇%を占め、燻製などの加工品を含む。四〇%が冷凍品である。

資源管理と魚食教育の重要性

卸売市場の資源管理への協力と貢献がますます重要である。この市場では魚食会社（Fish Mongers Company）の検査官が環境食糧地方省（DEFRA: Department of Environment, Food and Rural Affairs）から任命され、公的な権力を持って、サイズが小さくないか、違法に漁獲されないかなどを検査している。そのほか、資源管理に関するセミナーの主催、DEFRAが主催するセミナーへの場所の提供、トレーダーが勉強する場所の提供も行っている。資源管理には間接的に、積極的に参加している。

子供たち（八〜九歳）への教育は、学校を訪問する。高校生の段階からシェフの養成講座や成人のための魚の料理教室を開催している。若い人は年々魚を食べなくなっており、それを変えたい。

魚を下調理する施設もあり、自分の調理の状況をモニター画面で見られるという。

ロンドン市の再移転計画のジレンマ—お金か移転ニーズか—

ビリングスゲート卸売市場は、各トレーダーの冷凍・冷蔵庫の老朽化が著しい。現状地で、冷凍・冷蔵庫などを替えることは、時間と経費がかかる。

ロンドン市は市場を移転したい。当市場が立地するカナリー・ワーフ（Canary Wharf）地区には銀行・金融機関などのビルが建設されて、地価が高騰した。ロンドン市は高い土地を所有しているが、現金がない。高価格の土地を販売し現金を得たいと考えている。

ロンドン市の移転計画は、東方向へ四キロほど郊外の場所であり、果物・野菜市場と一緒に移転させる計画である。しかし市場での購入者には四キロの往復で二倍の八キロとなり不便になる。また、ロンドン・ブリッジ付近の関所は朝の七時を過ぎると一〇ポンドの料金を取られる。これは大きな負担で、今でも七時までにその関所を通るために早い商売を心がけている購入者たちは、もっと厳しい状況を強いられる。

移転と土地の売却によって、ロンドン市に膨大な売却資金が流入する。

しかし、現状地で、現代の衛生や商品のスタンダードに合わせて一度施設を解体し、再整備するには、新設備の建設や近代化分も必要で、膨大な資金を必要とすることも事実である。

【写真 21】老朽化が進む市場機能；冷凍庫の前の床

8　卸売市場の概念を変える新シドニー・フィッシュ・マーケット（SFM）

南半球随一の卸売市場の変貌

ＳＦＭはニューサウスウェールズ州政府が一九六〇年に開設し、魚介類を小売業やレストランに販売する卸売市場だったが、二〇〇六年に州政府の方針で民営化された。

その後、魚介類の供給者である漁業者、水産物の取り扱い者である卸売会社と市場内に区画を有するレストランと小売店（テナント）が株主となり、市場運営の責任はＳＦＭ株式会社を設立し、州に代わって同社

【図1】3XN/GXN, BVN と Aspect Studios. のデザインよる新 SFM 完成図（SFM 提供）

が担った。

新ＳＦＭは二〇一四年からの計画検討期間を経て二〇二〇年から着工を開始し二〇二四年完成予定である。卸売機能にとどまらず、観光と住民との親和性を意識した。人々がくつろげ、建物の芸術性も提供する。

新ＳＦＭ建設場所は市内の中心街から近いブラックワトル（Blackwattle）湾の南側で現在のＳＦＭの隣接地である。

二・二キロも旧市場から遠ざかった豊洲市場の市場の移転と違って近所への移転予定である。現在、州政府へ資金の要求をしている。総金額は七〇〇百万豪ドル（四九〇億円）で、六八〇〇億円を要した豊洲市場の一四分の一の規模である

新ＳＦＭ建設には反対も多かった。しかしＳＦＭは一九六〇年から現在の駐車場のスペースで営業し、その後、一九九〇年代後半から、現在のビルに入居したがこの施設は一九七〇年代に建設され老朽化が進行した。天井から雨漏りがし、ひび割れも目立つ。

複合的なコンセプトと国際化

現在、ＳＦＭへ訪問者と観光客数は三〇〇万人であるが、これを新ＳＦＭでは五～六〇〇〇万人に増大したい考えだ。九〇万人は国際的な集客を期待している。卸売市場としては南半球で最大の市場であるが、年間一二、〇〇〇トン（豊洲は三四万トン）しかないので売り上げは八〇百万豪ドル（五六億円）程度（豊洲は約

四〇〇〇億円）であるが、卸売に重点を置くことは現実的ではなく観光と地域住民への開放の方針を明確にした。

将来の売り上げは三〇〇〜五〇〇〇百万豪ドル（二一〇億円〜三五〇億円）に増大したい考え。新建物のデザイン設計も、デンマーク人の設計者に長い時間をかけてこのコンセプトを説明し、シドニー・オペラハウスのように奇抜であるがなごみがある。

シドニー観光の中心地を目指しておりオペラハウスと並ぶ名所になることを期待する。

新SFMは三階建て、地階は駐車場、一階は卸売市場でオークションも見学でき二階はレストラン、カフェや小売店街になる。地階から訪問者が一〜二階への移動時に新鮮な魚介類の物流が見られる構造である。

どうする豊洲市場

オペラやコンサートも鑑賞でき、ウオーターフロントの階段・雁木には人々が座って楽しめる。安全柵や手すりはシドニーのダーリンハーバーと同様に一切設けない。これらの設置は、人と自然の距離を遠くするとの考えだ。

市場見学ツアーも引き続き実施する。また水産物の調達、資源管理の監視とその紹介プログラムを継続する。シェフを呼び質の高い豪州ワインも楽しめる料理教室も提供する。

豊洲市場とは好対照をなすフィッシュ・マーケットをSFM運営会社とニューサウスウェールズ州政府は目指している。今後、豊洲市場も環境の変化に対応して、何を柱として運営の改善と改革をするかが生き残りと再活性化のカギである。

9 ニューヨーク市・新フルトン・フィッシュ・マーケット（その1）

フルトン・フィッシュ・マーケットは一八二二年に開設。二〇〇五年一一月に移転

二〇一九年五月に訪問した新フルトン・マーケット社の現状と将来の課題は日本と共通のものが多い。ところでフルトン・マーケットはその起源を一八二二年にさかのぼり、米国では最も古い水産物市場である。これに次ぐのはワシントンDCにある市場である。旧フルトン・マーケットは当初は漁船や船舶で水産物や食品が運び込まれていたが、一九五〇年代からのモータリゼーションの進化とともに、トラック輸送に切り替わった。

旧フルトン・マーケットはマンハッタンのブルックリン橋のたもとの地域が①混雑②施設老朽化③付近が金融街になり土地価格が値上り④フルトン地区再開発のニーズが高まったことが移転理由として挙げられた。そしてマンハッタンの中心部から約一〇キロ北に位置するブロンクス地区への移転計画・建設が二〇〇一年から開始され新フルトン・マーケットは二〇〇五年一一月四日に移転が完了した。

新フルトン・フィッシュ・マーケット―九年前から施設の老朽化と衛生面の退化―

新フルトン・フィシュマーケットを二〇一〇年一一月に訪問した。広々とゆったりしたスペースの印象があったが、近代的な冷蔵・温度保管や衛生面で設備が備わっていたわけでもなかった。

しかし二〇一〇年一一月と二〇一九年五月の間の過去九年間の経過を比較すると、二〇一〇年一一月の方が物量も多く、動きが活発で、鮮度もよく感じられた。施設も格段に新しく清潔であった。公共投資で建設した当施設は豊洲市場も同様であるが、公共部分の維持に、会社と従業員が熱心にならないので、次第に施設の老朽化と臭気のしみ込みが目だつ。

移転後のフルトン地区の賑わいの減少

旧フルトン・マーケットが存在したフルトン地区は、今でもレストラン他があって観光地化している。マリナー開発も進んだが、水産物の集荷地ではなくなったので、レストランの賑わいは減退したと見える。築地の場外市場の衰退につながるところがある

ここには全米各地からの水産物が運びこまれる。

新フルトン・マーケットに移転の当初には二九社の卸売会社・トレーダーが存在していたが、現在では二五社に減少した。取扱量は年間約九万一、〇〇〇トンで金額では約一、一〇〇億円（一〇億ドル）である。広さは約四〇万平方フィート（三万七、五〇〇平方メートル：三・七五ヘクタール）で四四ヘクタールの豊洲市場と比較すると約一〇分の一の広さである。全棟が平屋建て、長さが二〇〇メートルで幅が約二〇メートル弱である。この地区は風紀が悪いといわれており、場内に入れば特段に何の問題もないが、敷地内に入るには入場ゲートをくぐる。そこで入場料七ドルを支払う必要がある。ビジターだけが支払う。新フルトン・マーケットがあるブロンクス区ハンツポイント地区には肉類他の市場もあるが、パリ・ランジス市場のように一つの

【写真22】フェロー諸島から入荷した養殖のアトランティックサーモン（2019年5月）

【写真23】フルトン市場内の卸売会社（2019年5月）

敷地内のあるのではなく、それぞれがフェンスに囲まれて独立している。

既存の卸売会社とは全く別の会社が進出—卸売市場でも水産物の品質の劣化—

案内役の「フルトン・フィッシュ・マーケット・コム社」によると米国の水産物消費と流通は問題だらけである。流通過程での鮮度保持が悪すぎて、臭いがし、食べる気がしない。買って食べると裏切られると思う人が多い。だから魚を食べなくなる。本当に良いものは法外に高すぎる。結局肉に走る。鮮度保持は漁船の魚艙から鮮度保持が不十分で流通される形態が続く限り、鮮度の良い美味しい魚が末端で手に入るわけがない。高級スーパーマーケットWhole Foodsでもその流通から買っている限りは、いいものを販売できない。これを「フルトン・フィッシュ・マーケット・コム社」が変えようと挑戦中である

10 ニューヨーク市・新フルトン・フィッシュ・マーケット（その2）

新化学素材の開発

現在の米国の水産物の消費と流通は問題だらけである。流通過程での鮮度保持が悪すぎて、臭いがし食べる気がしない。フルトン・フィッシュ・マーケット・コム（ＦＦＭＣ）社は流通の改革をしようと立ち上がった。しかし市場とは競合したくないので、あくまで、フルトン・フィッシュ・マーケット（ＦＦＭ）の卸売会社（トレーダー）から購入することを原則とする。しかし出荷の形態と方法を全く変えた。いかにおいしい魚を末端まで届けられるかのために、ＦＦＭＣ社は鮮度低下の原因が、湿気、水分と臭いであり、これらを吸収できる素材を開発して、米国食品医薬品局（ＦＤＡ）の許可を取得した。その素材を使うので、長期間の輸送期間中も鮮度・品質の低下が起こらない。この素材：粒子をボックスの底に敷くだけで、魚が高鮮度で、長期間維持できるので全米各地に輸送が可能となった。

年々ビジネスを拡大

その結果、焦って、急いで出荷することもなく、また、顧客と出荷地方に応じて、時間差で出荷すればよいので、市場内のスペースを有効に活用できる。最近倒産しフルトン・マーケットから撤退した会社の後のスペースをニューヨーク市から借りて、仕事・作業を行っている。この作業は他社のように一刻を争う必要も無くなった。今後も市当局は空いたスペースの使用を要請してくると見ている。

ＦＦＭＣ社と同社立ち上げのパートナーも元々は魚・水産物を扱ったことがない。もともとは化学素材を

【写真 24】FFMC 社の開発した吸湿・吸臭剤（2019 年 5 月）

【写真 25】FFMC 社の Spindler 社長と筆者（2019 年 5 月）

扱って食品関係の仕事をしていたエンジニアである。その経験を生かして、鮮度保持を良好に保つ化学素材入りのボックスを開発した。このためビジネスを年率数十パーセントで拡大している。

いびつな米国の水産物の輸入と流通

米国の国内消費の水産物は五〇〇〇マイルを旅してきている。ＦＦＭＣ社のものはわずか五〇〇マイルの平均的な輸送距離で一〇分の一である。長距離を費やして輸入するのは問題である。

一方、米国は世界有数の資源管理が厳格な国家である。市場内を見ても市場で不正取引や資源管理を守っているかをチェックする役人が毎日見回りする。こんな国はほかにない。このように漁獲・流通された自国の水産物を消費することが重要である。しかしながら、天然ものだけでは、天候などにより入荷が不安定になるので養殖水産物が、安定した入荷に対して、貢献するところも大きい。

入荷量の減少でＦＦＭも改革が必要

市場内の卸売会社は、ＦＦＭＣ社の成功を面白くなく思っており、一方で売れにくい魚を買ってもらっているので、これらの者からの評判がよいので、評価は双方に分かれる。ＦＦＭＣ社は通常の市場使用料のほかにトレーダーの協同組合に対して売り上げからの一定の資金的貢献をしている。

いずれにせよ、ＦＦＭも年々入荷量が減少し、流通事情の変化に対して、このままでは立ち行かない。そのため、自分たちは、市場外にも加工場を保有したり、ＦＦＭへの入荷を待つだけでなく、自社で直接産地からの購入もしているが、このことは必須である。

11　韓国の産地卸売市場「釜山共同魚市場」

釜山共同魚市場の沿革

一九六三年一一月釜山総合魚市場として開場、スタートし、一九七一年一月に釜山共同魚市場に改称し、一九七三年一月に釜山の中心地の現在地に開場した。

共同魚市場は釜山市水産協同組合、慶尚南道水産業協同組合、大型旋網水産業協同組合、大型機船底引き網水産業協同組合と西南区機船底引き網水産業協同組合の五水協から構成される。潜水漁業協同組合が追加されれば六つになる。

共同魚市場の総面積は六・四ヘクタールで販売場の総面積は四・三ヘクタールである。接岸用岸壁の長さが一、〇一六メートルである。

委託業務手数料は三・四％である。韓国全土では四～五％である。釜山共同魚市場の収入の主たるものは販売手数料と利用加工すなわち加工施設利用料、冷蔵庫使用料、氷の販売料金と供水料金である。支出は従業員給料、売り上げ奨励金、利用奨励金と卸売奨励金などの戻し金である。

一〇年前水揚げ量は二二万トン（二〇〇九年）、金額は三、〇五〇億ウオン（三〇五億円）であった。

近代化も移転も進まない現在地（二〇一八年一一月現在）

釜山共同魚市場は老朽化が進み、新しく建設された釜山南の国際水産市場への水揚げが奨励されているが一向に進む気配がない（釜山共同魚市場経済事業担当常務取締役）。釜山共同魚市場の水揚げは、二〇〇九年の二二万トンからさらに減少し、二〇一三年の一八六、〇五四トンから二〇一七年には一三八、五二四トンと約五万トン、三〇％も減少した。主な魚種はマサバとスルメイカである。金額も三、四七〇億ウオン（三四七億円）が二〇一七年には二、六八〇億ウオン（二六八億円）に減少している。

漁業種類別にみると、主としてマサバを漁獲する大型旋網漁業の漁獲量が二〇一三年の一五一，五三三トンが二〇一七年には一一七、三一六トンに減少した。同様に底引き網漁業もズワイガニなどを漁獲するが、七四八億ウオン（七五億円）が六二六億ウオン（六三億円）に減少した。

釜山共同魚市場が集荷業務と卸売会社の役割

基本的に釜山共同魚市場が卸売会社の責務・機能を果たし、同社が荷の集荷を一手にひき受ける。販売はセリが基本で早朝六時から開始。漁船が夜の一〇時までに入港すると労働組合が漁船の鮮度別に区分けする。

【写真 26】釜山共同魚市場岸壁（11 月 2 日）

【写真 27】釜山共同魚市場の老朽化した水揚セリ場（11 月 2 日）

セリが終わると早速決算が行われる。セリの終了後一五日以内の決済がルールである。セリ人（仲買人）は八八名、水揚げ労働者は五九五名で水揚げ、手作業、運搬などの細かい業務に分かれる。労賃もそれぞれの職種によって細分化される。

TACとIQの設定で漁獲量の減少を抑制

一九七三年に開場して四五年が経過して水揚げ岸壁とセリ場・漁獲物置き場の双方とも老朽化が目立つ。このために、新港である国際水産市場が南の甘川地区に完成した。

しかし、新港である国際釜山水産市場の方には現在でも移転して水揚げしている人は少ない。釜山共同魚市場の方が格段に流通上の利点が高い。陸揚げ量と金額は近年減少するが市場関係者は韓国政府がTACとIQを設定していなければ、漁獲量の減少はもっと大きかったのではないかと考えられるとの見方を示した。

12　世界最大のオランダ花卉園芸市場

世界最大の花卉・園芸植物市場

オランダ・アルスメールでの花卉栽培は一八八〇年に開始され、この地区には二つの入札場が一九一二年から開始された。「フローラ・ホランド（Flora Holland）」はアムステルダムの南西へ一六キロでのアルスメール（Aaalsmeer）市にある世界最大の花卉・園芸市場で五一・八ヘクタールに及ぶ。オランダはチューリップの世界市場として発展した。同市場は一九六八年にアルスメールの二つの市場が統合し、一九七一年には現在の複合施設が完成した。この市場は花卉と植物（園芸）の市場があり、売り上げは花卉の方が圧倒的に大きい。取り扱い種は三〇、〇〇〇種以上、世界中からの購買者は二四六五名、毎日の平均の取り扱い本数は二、〇〇〇～四、〇〇〇万本で、バレンタインデーや母の日には一五％売り上げが増大する。

主要産地は世界中、販売先は欧州

花卉の生産地は八〇％が欧州、二〇％がエクアドル、コロンビア、ケニア、エチオピア、イスラエルなどであり、バイヤーが購入後の販売先は外国が六〇％。独、英、仏、伊などである。それぞれ、一六億ユーロ、七億ユーロ、六・七億ユーロと三・三億ユーロである。花の種類としては薔薇と菊が大人気である。チューリップは取り扱いが極めて少ない。オランダ花卉市場の販売額は四一億ユーロ、このうち、競り下げ方式のダッチ・オークション（時計での入札）での取扱いは一二億ユーロである（二〇一二年）。現在では四六億ユーロ（二〇一八年）である。

【写真28】花卉入札場でデスクトップの前に座る入札者（2012年3月、著者撮影）

情報化・IT化、輸送導線と運搬

ＩＴ化されて、搬送する小型車両が数値化された情報に応じて、落札物を所定の場所に運んでいく。入札前には花は冷蔵庫に保管され、オークション後にバイヤーが所有する市場内スペースにトローリーで運ばれる。室内には、入札対象の花卉や落札情報を搭載した電柱が立っており、そこで、得た情報をもとに、トローリーが、落札後の花卉を必要な場所へ運ぶ。

室内は、温度が五℃に設定され、切り花と鉢植えの双方とも、出荷先の需要と距離に合わせて、開花や花の商品価値のピークが迎えられるように温度コントロールされる。

三〇〇人が入札に参加できる部屋が二室ある。四五〇名が入札者登録している。時計盤には花に関する情報のほかに落札後には①落札数量②落札価格③落札者の名称④自らの履歴などがすべて記載される。これらの情報は各人の着席したデスクトップにも表示される。

時計盤の下までセクションごとにせり対象花卉が持参される。その情報が掲示される。市場に来場する入札参加者は、現物を観察しながら、入札参加できるメリットがある。

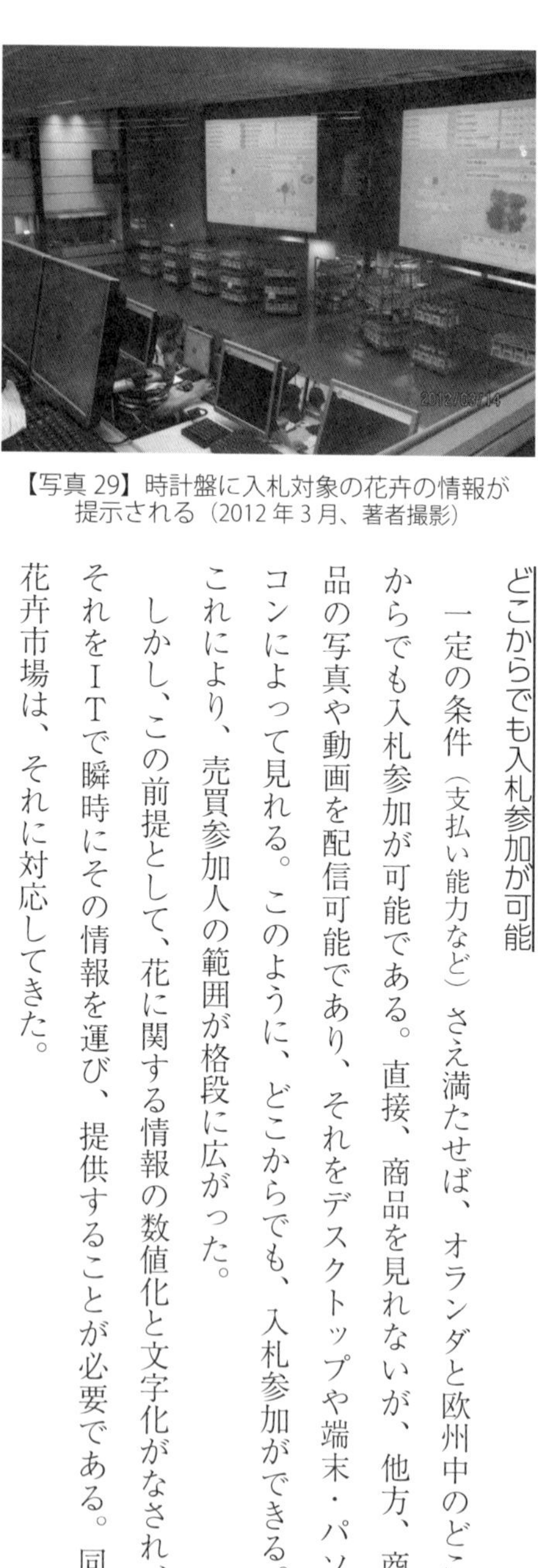
【写真29】時計盤に入札対象の花卉の情報が提示される（2012年3月、著者撮影）

どこからでも入札参加が可能

一定の条件（支払い能力など）さえ満たせば、オランダと欧州中のどこからでも入札参加が可能である。直接、商品を見れないが、他方、商品の写真や動画を配信可能であり、それをデスクトップや端末・パソコンによって見れる。このように、どこからでも、入札参加ができる。これにより、売買参加人の範囲が格段に広がった。

しかし、この前提として、花に関する情報の数値化と文字化がなされ、それをＩＴで瞬時にその情報を運び、提供することが必要である。同花卉市場は、それに対応してきた。

13　釜山のジャガルチ市場と釜山国際市場

ジャガルチ水産市場

ジャガルチとは「ジャガ」が小石・砂利で「ルチ」が浜との意味である。

影島の島陰の南浦洞地区にあるジャガルチ魚市場は一九二四年に南浜市場として開設されたが、朝鮮戦争時に集まった避難民や戦争未亡人による海産物の商売・加工が始まりである。一九六九年に社団法人釜山魚貝類処理組合が結成され、沿岸部を埋め立てて、一九七〇年に三階建てのビルが建設され、二〇〇六年に地

【写真30】1階の活魚売り場（左）と2階のレストラン（2018年11月）

下二階・地上七階のカモメをイメージした現在ビルが建設された。

釜山共同魚市場が設置・建設されるまでは水産物の水揚げとせりが行われていた。現在は、活魚販売が大半を占める。

夕方に観光客や市民がやってきて一階の小売店で購入し、二階で食べる。

変化する水産市場の目的と機能

市場が入ったビルの前には露店がたくさん並びそこでは専門の水産物毎に活タラバガニ・ズワイガニのカニ専門店、のどくろやアマダイの乾物と鮮魚、マサバ・ゴマサバとコアジとワタリガニなどの国内産鮮魚、サルボウ、赤貝、アサリとハマグリなどの貝類の専門店が並んでいる。露店は直接外気に触れるので鮮度保持と衛生面では問題がある。

二階に上がれば、広い店内で座席数も一軒当たり一〇〇席を超えるレストランが入居、ジャガルチ水産市場は日本の中央卸売市場とは全く異なる。

市民・消費者や観光客を販売相手として、商売をしている。付近の景観に配慮し、この景観も商売の中に組み入れて娯楽性を備えている。

釜山国際水産市場はまだ不活発

釜山国際水産市場は釜山の甘川洞に新しく国際市場として最新鋭の加工場や

活魚センターも入れて建設された。

土地面積が一〇・二ヘクタールで総床面積が一一・二ヘクタールで着工は二〇〇一年一月で完成が二〇〇八年四月であった。建設者は釜山直轄市である。四法人が共同で運営する。これらのうち釜山甘川港フィッシュ・マーケット株式会社、サムスンＩＦＭ株式会社の二社は、輸入魚と沖合魚を担当し、釜山水産物協同マーケット株式会社、釜山漁業協同組合連合会甘川協同マーケットは沿岸魚種を担当する。

二〇一七年の年間取扱量が一四万トンで、沿近海が三万トン、ロシアからの輸入が一〇万トンで鮮魚・活魚が一万トンである。金額で二、九九〇億ウオンである。沿近海はサバとスルメイカが中心でロシアからは冷凍のスケトウダラが入る。活魚が一万トン程度で日本の生スケトウダラが約一〇％を占める。

【写真31】釜山国際水産市場に水揚げされたマサバ（2019年11月）

二〇一七年は釜山協同魚市場の取扱量が一三万トンで、二、六〇〇億ウオンだったので、初めて釜山共同魚市場を抜いた。

沿近海の漁船のこの市場の水揚物は、入札が義務付けられる。冷凍スケトウダラは強制的に入札にかけられるが、マグロは水揚げされても入札対象外で、遠洋漁船は直接保税倉庫に水産物を入れ込む。

巻き網漁船の運搬船が接岸中で、水揚げ中のマサバは三〇〇～四〇〇グラムの大きさで、水揚げ市場のコンクリートの上に放置され、衛生や鮮度保持と安全面で問題である。

14 ソウル市露梁津（ノウリャンジン）魚市場

露梁津水産市場の歴史と新計画

露梁津水産市場の沿革・歴史は一九二七年京城水産物株式会社として、朝鮮総督府時代に創立され、一九七一年にソウル駅の近辺にあったものを現在の「露梁津水産市場」に移転した。一九八三年に露梁津水産株式会社となり、二〇〇二年に思潮産業（株）が本市場を買い受けようとしていたのを、個人企業ではなく公社としてこれを所有する方針を固め、水産業協同組合連合会（水協連）が株主となることが決定した。二〇一六年には現市場の近代化の計画が完成し新たな市場での運営が開始された。

露梁津水産市場の近代化計画は①総事業費が二、二四一億ウオン（二二四億円：豊洲は約六、八〇〇億円）②建設から完成までが三か年（二〇一二年一二月から二〇一五年一〇月まで）③地下二階で地上六階の合計八階建て④敷地面積が三五、八〇〇坪（一一八、一四〇平方キロメートル：豊洲は四〇七、〇〇〇平方キロメートル）となっている。

市場内の構造

新建物は八階建てで一階と二階の一部に小売店舗が入居している。六階が事務室で、五階が特別レストラン、四階がパーキング、三階がパーキングであるがリバーサイド・デッキ（「漢江」の眺望用のデッキ）、二階がレストランやと小売店舗と金融機関店舗と販売促進ホール、一階が小売店舗である。また地下一階は水産加工場と生鮮魚保管場並びにトラックのパーキング場で、地下二階が冷蔵・冷凍庫や排水処理場とトラックのパーキング場である。八階建てになったことによる不便はない。当初は小売店舗を二階に配置する計画だったが、小売店舗からの反対により一階に変更した。エレベーターでの上下の運動と運搬は、最初は若干不便であったが、次第に慣れて最近では特段の問題はないとの由。

水協連は言ってみれば小売りとレストランなどへの場所の提供であり、水産物の売買による営利事業は行っていない。

【写真32】活魚売り場と通路（11月9日）

【写真33】タラバ、毛ガニとワタリガニ専門店（11月9日）

露染津水産市場の取り扱い規模

セリは午前〇時から早朝六時まで行われる。相対・定価取引による値決めもある。仲卸業者が競り落としたものは彼らの販売先に配送されるが、残品は、この市場で処理・販売される。

この市場での販売規模は三、四〇〇億ウオン（三四〇億円）・年、取扱の魚種・品種は二、〇〇〇種で、一日に三万人が利用する。三〇〇〇人（そのうち仲卸が約二〇〇業者）が働いている。

露染津水産市場は全市場が供給する水産物の約四五%を供給する。しかし、ソウル市内の供給される総水産物の量は不明である。E Market、ロッテ・マートやホームプラスなどの市場外流通者を主体とする事業者の取り扱い量は増加しているが、その量はわからない。ソウルでも市場外流通は伸びている。

将来の展望

露染津水産市場は通常の卸売市場と異なる。卸売会社がなくて小売店舗を中心とした変則市場であるが、この市場が掲げる将来の展望としては、①現在の地元の有名な市場から世界の最良の市場を目指すこと②現在の卸売市場から多目的の要素を備えた商業施設とすること③単なるフィシュ・マーケットから楽しく文化の発信地点とすることである。

15 ソウル・ガラクトン水産卸売市場

ソウルオリンピックに合わせ整備されたガラクトン卸売市場

ソウル特別市で、漢江から少し南のオリンピック公園に近いソンパグ区ガラクトン卸売市場は青果や肉類などと合わせて建設された水産卸売市場も含む総合卸売市場である。

一九八八年ソウルオリンピックを契機として、市内に点在していた卸売市場をまとめたもので、一九八八年に発足した。水産卸売市場の道路の対面には青果他の卸売市場がある。建設後二八年を経て老朽化が進んでいるので、ガラクトン水産卸売市場も現代化の計画があるが、予算の不足で建設・再建工事が進んでいない。

水産部門は三つの卸売会社からなる。①「ソウル干し物」社で乾物・塩蔵品を扱う卸売会社②「カンドウ水産」は一般の水産物・冷凍品などを扱う③「水協公販」（水産業協同組合の傘下）は沿岸品・生鮮品や輸入物などを扱う。しかし②と③の区別は明確ではない。

市場の規模、取扱金額はガラクトン水産卸売市場が鷺梁津（ノリャンジン）水産市場のそれより大きい。最近は沿岸の漁業生産が減少して、輸入物が増大している。八〇%が輸入（案内人説明）であり、国内生産量の減少が続けば、その傾向が強まることが懸念される。

韓国水産加工品はいったんロシアから中国に輸出され加工され、韓国に再輸入されるが、最近は中国の直接買い付けが増加しており、その場合、韓国に水産加工品が輸入されずに中国内にとどまるか第三国に輸出されることが懸念される。

【写真34】ウナギなど仲卸業者の店舗（2018年11月）

生鮮水産物の鮮度は劣化

一般に市場内の鮮魚類の鮮度保持はよくない。マサバ、フグ、アナゴ及び釧路からの輸入スケトウダラの鮮度保持がよくない。市場はただ単純に屋根がかかっている状態であり、その下で仲卸業者が営業をしている。

一方で市場の別の場所に一般の消費者が買いに来ていた。ある時間帯を過ぎれば、市場全体に入れるが、また、小売り店舗の大部分は路上の一角に店舗を構えていた。吹き曝し状態の下で、衛生面や鮮度保持面並びに安全面での配慮は不足

【写真 35】小売店舗（11 月 10 日）

【写真 36】鮮度の良くないマサバ
（11 月 10 日）

【写真 37】高級魚の乾燥キグチ
（11 月 10 日）

【写真 38】切り干した越前クラゲ
（11 月 10 日）

している。

塩干売場のキグチ乾燥魚は、正月の前には高騰する。

クラゲも乾燥・塩蔵品売り場に高く積み上げられている。

消費者や観光客向けガラク・モール

ガラク・モールは、卸売市場とは別に隣接した位置にあり、小売店舗やレストラン、刺身・活魚センターなどがある総合食料・食品の販売施設で、一九八八年のガラクトン水産市場の再編時に移転反対者からの権利で購入者が新規に入居した。徐々に人気が出てきて夜は多くの人で満杯の盛況である。

ここはメニューがなくてその日の入荷で食べるものが決まり、人気である。

韓国でも最近はネットやＩＴで直接水産物の売買が可能な時代になり、巨大な土地と施設を占有する中央卸売市場の必要性に疑問もあがる。

年々家庭内での水産物の消費は減少し、マンションの一階にレストランができ食事をする家族が年々増加し、消費の形態にも変化が見られる。

16　オークランド・フィシュ・マーケットの変貌

電光掲示板での入札

オークランド・フィシュ・マーケットはニュージーランド第一の規模を誇る水産会社サンフォード社の三階建てビルの一階に一九二四年に建設され、現在約九〇年ぶりの改装が行われる。

オークランドフィッシュ・マーケットではシドニーフィシュマーケットと同様に入札参加者は電光掲示板を見ながら落札の時を見計らう。入札参加者の席は一〇〇名程度であり、参加者は席のテーブルの前のボタンを押して落札価格と数量を入力する。この市場の特徴は競りを実施する場所と水産物の置かれている場所が完全に仕切られていることである。入札参加者は事前に商品を見学しチェックしてから競りに参加する。日本のマグロのセリのように移動競りを行うことはない。豊洲市場の活魚のセリが、活魚が保持されている場所はセリ場と離れた個室にあり、その場所で行われるのに似ている。

【写真39】別室での入札状況を外から眺める（2008年7月）

【写真40】入札対象物と0度の水産物置場（2008年7月）

完全な冷蔵管理と豊洲市場との違い

同フィシュ・マーケットでは水産物は〇度の低温の部屋に置かれる。部屋の外からは置き場は見えるが、人間はその場所に長時間は入らない。この市場では水産物の品質管理を第一の目的に考えており、人間が入って雑菌が付着することなどを防ぐ目的があり、低温の下で長時間働く人への健康上の悪影響を回避することも目的としている。

ところで、豊洲市場の第七街区（水産卸棟）では二〇〜一〇・五度を採用し、実際の運用上は最近（二〇一九年一〇月）一五度を採用している。また第六街区（水産仲卸棟）では二五度、第五街区（青果棟）では二三度を採用している。広い第七街区の立体的な「空間を一〇・五度に保つために電気代が膨大にかかることと予想されるが、気密性・閉鎖性にしたことによって、電気代は予想に反して安上がりであるとの暫定的な評価である。

市民と観光客に身近な市場へ

このマーケットの所有会社であるサンフォード社は、二〇一一年にニュージーランド漁業が漁獲量を不正報告しているとオークランド大学教授ほかが明

【写真41】マーケット内の小売店舗
（2008年7月）

らかにしたことから端を発して、漁業情報を一般市民に公開し、説明責任を果たすことに転換した。すなわち、市民や観光客に対しても、サンフォード社所有のトロール漁船を公開し、漁獲物に直接に接する機会を与えるとともに、水揚げされた新鮮な漁獲物を素材にした食を提供する方針を新たなプログラムとして展開する方針とした。

日本料理やイタリア料理そして太平洋の島々の世界各国の料理を提供する八つの新しいレストランをマーケット内に新設した。そして、ここではランチだけでなく夕食も楽しめる。

人々は、身近な水揚げされた場所で、新鮮な水産物料理を、自分が選んだ素材で、好きな料理方法で楽しめることに対して高い評価と好感を与えている。サンフォード社もこれによって、これまで水産物になじみのない魚介類に対して人々の需要が開拓でき、なじみある主要五種（マダイ、ホキやオレンジラフィーなど）以外の魚種に対しても新たな需要が生まれることを期待している。

17　日本の消費地中央市場の現状と将来—新潟

資源・漁獲量の減少が大問題

地方中央卸売市場の取扱い数量は、急激に減少している。根本的な問題であることを示す。

「大問題は資源の問題である。水揚量が大幅に減っているのにあまりにも無策であり、このままでは売り物が益々なくなって、ビジネスが立ち行かなくなる。この改善が喫緊で最も重要な課題である。行政や漁協組合はこの喫緊への対応に真剣に早急に取り組んでもらいたい」と新潟中央市場では語る。

一瞬に終わる競り

新潟中央消費地市場の競りは一一月八日(金)早朝五時から始まったが、五時三六分には終わってしまった。しけによる入荷減があるが、競りにかける入荷数量が少なく、サンマ、マイワシ、秋サケ、マアジと北海道産のスケコが一般大衆向けのセリ場に並ぶ。低温売り場には寿司ネタが並ぶ。北寄貝、アサリと赤貝、ウニ等があった。更にマグロ売場には本マグロ、メバチマグロが並んでいるが、本マグロもメバチマグロも一本物で購入するところは少なく、四つ割にされたマグロが競りにかけられていた、これは消費を喚起するためである。

【写真42】新潟中央市場のセリ場風景(2019年11月8日5時10分、著者撮影)

年々競りにかけられる魚種は少なくなって来ており、大口の買参権を持ったスーパーマーケットや大口小売店は相対で競りより先に玉を確保する傾向が強くなってきている。

入荷量の激減が問題

水産物市場として旧新潟市万代島市場から現在地の茗荷谷に移転したのが二〇〇七年(平成一九年)である。地方卸売市場であったが、移転に伴って総合卸売市場として、青果部門、水産部門、花き部門と合同で中央市場として整備された。

狭隘、老朽化した旧万代島市場と比べて、衛生面、売場面積等、労働条件は大幅に改善された。

しかし移転の年頃から入荷量が漸減して来ている。二〇〇九年の五八、五七一トンが二〇一八年三四、六一一トンに減少した。

また入荷供給源となる地元新潟漁協の水揚げ数量は一九九五年の八五、二六二トンが二〇一八年には僅か四、七九七トンに減少した。

【写真43】新潟中央市場の仲卸の店舗（2019年11月、著者撮影）

特に二〇一八年には旋網の水揚げが無く、釣のスルメイカの大幅な減少が大きく、水揚げの回復が見られないのが大きな要因となった。

市場法の改正への対応

今回の市場法の改正の問題点のうち、条例として第三者販売に関しては、「市場における取引の秩序を乱すことのないよう、従来の取引関係を維持する。」という配慮義務を盛り込む事で原則自由化に合意した。

スーパーマーケット他がなかった時代の仲買の必要性と現代では環境が大きく変化して来ており、買参権を取得しているスーパーマーケットとの取引は多くなっているのが現状であり、第三者販売比率に大きな変化はない。

彼らは競りと入札もいつまで行うのかとの疑問も持っている。産地の漁獲量の減少から、各産地では浜値が高くなり、委託出荷等は少なくなっている、競り販売は卸売業者が浜値と市場の市況を見ながら数量を決め販売しているのが現状である。卸売業者から仲卸、買参人に販売するセリ販売に関しては、逆ザヤが生じて赤字販売になるケースも多い。

18　青森市中央卸売市場の現状と課題

青森市中央卸売市場の歴史と現状

青森市中央卸売市場は一六二六年（寛永三年）に津軽藩第二代藩主の津軽信枚公が青森で月六回の市を開催されたことが始まりである。明治になり青森の海産物商は千島・根室方面に漁場経営し投資した。のちには北海道、カムチャッカ、沿海州と北千島から鮭鱒を輸入し、東北・奥羽の二大鉄道を利用して、関東、関西と東北の各地に輸送し、西の下関と並び称された。

昭和四七年に青森市中央卸売市場が誕生した。

二〇〇九年（平成二一年）で青森市中央卸売市場の全体で約三〇〇億円の売上であったが二〇一八年では青森中央水産（株）が一五三億円で青森魚類（株）が九四億円の二四六億円である。

入荷量が激減

水産物の入荷量が激減して、水産卸は困難な状況にある。ホタテ貝も生産見通しが正確でない。ホタテ貝の出荷の八〜九割を半生貝が占めて、大きな成貝は一〜二割程度である。

半成貝が多いのは、過剰な養殖量で栄養が取られるなどの原因が考えられるが、筆者はホタテガイ適正養殖可能数量制度（TASC）に代えて科学的根拠に基づき陸奥湾の環境の収容力に照らして年間九万トンを下回る生産数量を青森県が設定すべきと考える。

イカも大不漁で、昨年の三〇％しかない。すでにイカは商品ではない。サンマも後半に一時持ち直したが、これも対前年比三〇％止まりで、食べたいサンマが出回らなかった。これも商売にはならない。

労務の問題

労働力確保が重要問題である。市場での作業員や魚を加工し、調整する職人が少ない。老人ホームや病院食への提供でもそれに対応する労力と技術を提供できるかである。仲卸も当該労力の提供を期待される。特にスーパーはバックヤードの作業をやりたがらない。そこに活路があるとも考えられる。

競りは必要か

市場は、中央市場会計に手数料を納めるために本業と兼業に分けているが、第三者販売をどちらに入れるかで明確でないところもある。本業部分が手数料の積算の対象となる。

競り時間が短くなり、実態上の意味も薄れた時に、短時間しか使わないセリ場のために、市場手数料を払

【写真44】青森中央市場のセリ（2019年11月26日午前5時30分、著者撮影）

【写真45】青森中央市場仲買の店舗風景；水産物以外の販売が増える

うのも問題である。どこまでが、専業：市場会計の対象で、どこまでが兼業：市場流通の対象外かをさらに検討する必要がある。また、産地から直接、末端の小売店、スーパー等に販売したケースで、中央市場を通っていないケースに卸売会社が関与したケースは今後とも増える販売形態である。このような新たな販売形態は豪州シドニー・フィシュマーケットではＩＴ化の推進とともに促進中である。

スーパーや大口の小売に先取りさせ、その残りを競りに出している。競りに参加する仲卸も年々減少している。仲卸業者はすでに二四から一八軒に減少した。買参人も二四〇人もいたが一八〇名に減少した。

「仲卸や買参人の意向には配慮する」といってもセリ参加人が減少し、かつ購買意欲も大きく減退した中で、競りがとても緩慢に行われる。また仲買人の年齢も高齢化して、後継ぎがいない。

直引き

直引きは、仲卸などが、他の市場の卸売業者から購入し、産地の漁協から購入するが、品ぞろえのために他の卸売業社からの購入はある。

19　八戸産地市場の現状と課題

八戸魚市場の水揚げ激減

八戸の水揚げは最盛期の一九八八年八一・九万トン、六五九億円から二〇一九年は六・六万トンで一四八億円まで減少した。大半はロシア海域と米国海域からのスケトウダラの大幅な減少であるが、近海のスルメイカ、イワシとマサバも減少している。八戸魚市場にとっては大打撃である。一五〇億円割れは一九六七年以来である。

卸売会社二社体制から一社へ

八戸魚市場は開設者が八戸市であり、卸売業者は株式会社八戸魚市場と八戸みなと漁業協同組合の二社で、一九三三年（昭和八年）に八戸魚市場が開設されて以来、単一の卸売市場として運営してきたが、一九七三年（昭和四八年）に八戸漁業協同組合連合会が卸売業務に加わり、複数制としてスタートした。平成一五年（二〇〇三年）に八戸みなと漁業協同組合に変わった。取扱数量は現在では八戸魚市場が三に対しで漁協が一の取り扱い（二〇一七年）である。一時は両社の合併が議論されたが、漁協は合併すると三〇〇〇万円の補助金の受給資格を失うので反対との意見が出て、合併が取りやめになったが、二〇一九年の水揚げ減少ではもう一度それを推進する必要があろう。

過大な漁港施設

八戸には漁港が鮫、館鼻（第一棟から第三棟）と小中野に分かれる。鮫は巻き網漁船が水揚げする。また、

【写真46】舘鼻の漁港施設。正面はHACCP完備施設（11月26日、著者撮影）

舘鼻は沿岸漁業と沖合のトロール漁が、小中野漁港は沿岸と沖合域の底引き漁船とトロール漁船の水揚げ港である。現在整備中の小中野も今後、舘鼻地区の漁港施設と位置付けられる。このほかにも遠洋のイカ釣りの岸壁とHACCP対応の施設がある。これは震災で完成後にすぐ使えなくなり、その後復旧した。施設が分散型で過剰投資である。

漁港建設計画立案の時期と完成時期の水揚げ量が大幅に減少した時期にずれがあり、結局計画が過大である。維持運営コストは大きな負担になる。計画と実際の漁業の規模の一致が重要である。

働き方改革と水産業

水産業は、九時から五時までの時間で働くことができない業態である。夜中にも早朝にも働かなければならず、陸のデスクワークとは異なる。東京の大手企業のサラリーマンには働き方改革が良いかもしれないが、地方の中小企業にはマイナスで、働いている人からも不満が出ている。トラック運転手も途中の休憩時間も労働時間に入れると実労働時間は大幅に削減される。輸送効率も悪く経費も上がる。パート従業員の労働者の高齢化も大きな問題で八戸の水産加工場で働く従業員がいなくなると心配する。その場合は、八戸市の加工能力と水揚げ受け入れの能力がさらに低下する。

【写真47】マサバ（300 g程度）水揚げ（11月26日、著者撮影）

まき網の休漁と加工能力

二〇一九年一一月二六日は八戸港への水揚げが二〇〇〇トンで、石巻と銚子漁港に水揚げした合計が一万トンに達して、時化休漁と五〇〇〇トン以上を超過した際の休漁日との兼ね合いで大中型まき網漁業が二日間を休漁した。北部まき網漁業の主要水揚港の冷凍能力は全体で一万トン程度を超えると、処理できないといわれる。近年は八戸での小規模の加工場と冷蔵・冷凍庫が原料の水揚げ不足で倒産した。加工冷蔵能力が減少すると、漁船が漁獲しても処理できない悪循環に陥る。

20 石巻産地市場の現状と課題

石巻の水揚げ状況

資源の悪化と漁獲の減少が一番の問題であり、産地の間の争奪戦がさらに活発になると考える。特に気仙沼との間の争奪戦は激しい。石巻は水揚げ後に単に冷凍・凍結したものを他の地域や海外に輸出して、自らの加工が、他の有力な産地に比べ少ないことが弱点にもなっている。

最近の石巻への水揚げは二〇一九年が一〇万二四五トンで一六五・四億円であった。最盛期には、四〇万トン（一九八七年）で三〇〇億円（一九八二年）程度の水揚げがあり、四分の一に縮小している。金額は漁獲量

【写真 48】2019 年 11 月 27 日に水揚げされたマサバ（著者撮影）

の減少で若干インフレしており、減少の度合いは少ない。入港隻数も二〇一九年は前年から一五一一隻少ない。

筆者の訪問中一一月二七日のマサバの水揚げが一〇、〇〇〇トン台に達したために、二日間の休漁を二八日から二九日まで行った。これは大中型まき網の船頭通信士会が中心となって決定している。

北部太平洋海区のまき網漁業の水揚げ規制

北部まき網漁業が水揚げする各漁港の冷凍・加工の処理能力（専門家からの聞き取り）は銚子が五〇〇〇トン、石巻は一五〇〇トンから二〇〇〇トン、八戸が二五〇〇トンから三〇〇〇トン、気仙沼が五〇〇トン、女川が三〇〇トン並びに大船渡が三〇〇トンである。これらの能力に照らして、一日の北部まき網漁業の漁獲量が五、〇〇〇トンを超えた場合は一日間の休漁を実施して一〇、〇〇〇トンを超えた場合は二日間の休漁を実施する。これはまき網の船頭通信士会が、各漁港への水揚げ量を把握し決定している。

しかし、陸上の冷凍加工能力は加工業協会や産地魚市場が状況を把握し漁獲量制限を決定するのは適切であるが、まき網漁船の船頭通信士会が決定している。北部まき網の船主もこの決定には関与していない。

筆者が海外の事例から見て最も適切な方法は漁船ごとに配分（ＩＴＱ）して、漁業者はその範囲内で各市場の動向を見ながら水揚げすればよい。各漁船の判断に任せればよく一斉に休漁する必要はない。

巨大な規模の石巻市場

石巻魚市場は総工費約一九一・八億円を費やして、管理と荷捌き場は八七六・二五メートルの巨大な施設として完成した。最高の高さは二五・三〇メートルで一部四階建て東日本大震災並みの津波が到来しても、最上階に逃避すれば生命が守られる。

これは震災前の約一・三倍の規模であり、水揚げの減少だけから見れば規模は震災前より小さくても十分である。今後運営費の負担がのし掛かろう。

市場開設者が石巻市で卸売人は石巻魚市場株式会社であって、買受人数は現在では一〇三人であるが、最盛期には一八〇人程度の買受人がいた。また一社あたりの取り扱い数量と金額も減少してきている。買受人は、購入後に消費地中央卸売市場、スーパーマーケットや大手食品会社などに販売する。

電子入札の導入等のIT化が急務

水揚物の記録や石巻魚市場からの販売データ等の電子化は進んでいない。

石巻魚市場では、漁獲や販売データの電子化を促進し、電子入札の導入等のＩＴ化が必要になるだろう。

21　コロナ・ウイルスと卸売市場の将来（その1）

扱い減、コロナ禍が追い打ち─安定供給問われる：改革時代が到来─

二〇一八年の漁業法改正でも科学・漁獲データと評価と取り締まり体制を踏まえた漁業生産体制からは程遠く、漁業生産量減少と質の劣化で最近の産地市場と消費地市場は、販売量が大幅に減少した。

豊洲市場の取扱高（卸売会社七社計）は前年比四・六％減の三四万六二〇〇トン（二〇一九年）と最盛期の約八〇万トンの四割ほどにまで落ち込んだ。それにコロナ・ウイルス感染症（covid-19：「二〇一九年に発生したコロナ・ウイルス病」の意味）が追い打ちをかける。スーパーマーケットの消費は横ばいだが、寿司や外食店とホテルでの大型需要の消費、そして世界と日本の観光客の落ち込みが大きく、価格低下も著しい。事態が長期化すれば卸、仲卸や買参人並びに流通関係者の資金繰りと経営がさらに厳しさを増す。

【写真49】自粛要請で人影がまばらな銀座中央通り（3月26日17時29分、著者撮影）

対策に一二～一八カ月

Covid-19は二〇二〇年に入り、世界的拡大で、感染者は一二〇万人（四月五日時点）を超え、死者は六万人以上である。一四三人（五日）の東京を中心に感染が拡大し、日本でも感染者は三八〇〇人を超えた。Covid-19はその無発症期間がインフルエンザやSARS、MERSに

【写真50】生鮮マグロのセリ風景；コロナウイルス騒動前でも入荷量の減少が目立つ（2019年11月18日5時47分）

比べて長く従来ウイルスより把握と対応策が難しく感染拡大が懸念される。

「新型インフルエンザ等対策特別措置法」（令和二年法律第四号）に基づく緊急事態宣言は、当面の爆発的な感染を防ぐ措置である。仮に事態が収まっても次の発生を抑えることが重要である。日本政府も東京都もCovid-19の防止、抑制、モニターと封じ込めの根本対策はたてていない。宣言を緩めれば、爆発的感染の再発危機がやってくる。

したがって、人口の大部分に感染が蔓延し、抗体・免疫が付くか、また、一二カ月から一八カ月（WHO〈世界保健機関〉などの専門家予測）を要する治療薬とワクチンの安全開発が解決の決め手になろう。その間、国民の経済、心理が持つのかも重要な課題である。

しかし、中国武漢の例をはじめ世界中のCovid-19の新情報・知見が日々蓄積され、対応策の更新・向上に貢献している。

水産物流の果たす役割

水産物卸売市場は、この緊急時に大きな役割を果たすことが期待される。一九二三年に制定された旧中央卸売市場法（現「卸売市場法」の前身）は一九一八年の魚津での米騒動後、都市の消費者に対する安定供給の使命を有する。豊洲市場は六八〇〇億円の税を投入して建設された。東京圏を含め流通業界はこれに応えるときである。

水産物卸売市場を取り巻く変化は①ネット・直接販売と市場外流通の増加②国内生産減少③輸入への依存⑤密封式の集合住宅への居住環境の変化⑦食の安全・安心④環境保護・持続性への関心が挙げられる。Covid-19で、これらに加え国民・消費者への安定供給が問われる。

海外依存から脱却を

観光客は止まり、観光やインバウンド需要と輸入に頼ることの不安定さは明らかである。ノルウェーのサケ、アラスカのサケと底魚と豪州ミナミマグロも輸入が停止。中韓への輸出も止まった。その後一部再開した。外国は農林水産物を自国向けに貯蔵しだした。また遠洋・近海マグロ延縄漁船は漁船員不足で係船される。水産加工場は中国、ベトナムやインドネシア人労働力が入国禁止で、労働力不足である。コスト削減で対応した外国があてにならない。国内生産と加工業基盤、流通・ロジスティック体制における人も物も技術も国産中心の根本体制に新たに戻し、改革する時代が到来した。

22 コロナウイルスと卸売市場の将来（その2）

世界でのコロナウイルス病（covid-19）の感染者数が二〇〇万人（四月一五日）を超えた。死者数は一二万六〇〇〇人である。日本では八一〇〇人で死亡者は一四六名である。（資料：Worldmeter）

さて、豊洲市場では現在のところコロナウイルス病（covid-19）の感染者が発生していないが、マグロや活魚並びにウニのセリ場は、将来感染者のセリ人同士が濃厚接触する可能性が高い。また、それでなくても豊洲市場内は閉鎖系を売り物にしている。また、においやごみ他衛生が十分に保たれているかとの疑問がなしとしない。

さて、コロナウイルス病（covid-19）の問題があるからこそ、卸売市場は都民や首都圏をはじめとして全国の消費者へ安定的に水産物を供給し続ける責務を担う。そのために、豊洲市場を含め我が国の消費地市場と産地市場は多額の税金を投入して、施設の整備が進められ、日々の運営にも行政の支援が提供される。

これまでも私は以下の提言を消費地・産地卸売市場の将来ために行ってきた。かえってこのような非常時にこそ卸売市場の課題と将来像を明確にすべき時ではないかと考える。

①第一に入札・販売を電子化・デジタル化するべきである。これで濃厚接触を防ぐだけではなく、販売の近代化を図るべきである。セリ人・相対人は水産物の前にいる必要はなく、オランダのアルスミアの花市場やイムンデイの漁港のようにデスクトップの前に座り、そこに表示された水産物情報:種類、大きさ、漁法、漁獲日や漁獲位置を漁船名と品質検査人による脂乗りの品質情報で購入するかどうかを決定する。それでは品質がわからないとの人もいようが、それは上位のマグロなどの二〜五%程度であろう。これは卸売市場の安定・安全供給の使命の外にあると考えられる。

②また、衛生面と購入者の健康面を考えて、オークランド市場のように水産物とセリ人・相対人を分離す

ることである。人間と水産物が接する時間を極めて短時間とし濃厚接触も防げる。人の健康維持にも貢献する。また、ニュージーランドやアイスランド及びノルウェーでは、購入者が一定金額のデポジット（事前供託金）を要求され、その範囲内で購入する。こうすれば、最初は抵抗があろうが卸売り会社と仲卸・買参人の間の決済が明確化する。

③仲卸業者の多くの店が帳場内で手書きの現金と売掛商売を行う。クレジットカード決済他の電子決済の進展が遅れている。労力・経費削減と事業の近代化を早期に実施するべきである。

④日本の漁港に水揚時、漁業者から漁獲成績報告書のデジタルでの提出を法律で義務付けることである。現在、漁協職員や、漁労長からの情報を受けて漁業無線局が簡便な漁獲量を報告している。それも手書きで電子化は進んでいない。手書きデータは処理や解析にも使いにくい。電子データは消費地市場でのデータ処理と販売の促進や漁業の資源管理のための科学評価の基礎データにもなる。日本の科学評価に使うデータは手書きのために二年遅れで、資源評価の精度が外国に比べて著しく落ちる。国家的な損失でもある。

23 コロナウイルスと卸売市場の将来（その3）

事業の再開　正常化には一～一年半

世界の主要国はコロナウイルスを制御・制圧後の事業・生活の再開を具体的に検討しだした。米国南部諸州では、対策が具体化された。台湾でも段階的な再開が始まった。

事業再開と正常化はワクチン開発と行動規制・監視体制にかかっている。ワクチン開発はすでに第三段階（安全性の試験）に入ったものが三種あり、最終化（安価で末端までに行き渡る）には一〜一年半かかるとされる（世界保健機関・四月二〇日）。

水産業は食料を供給する産業で、事業を継続・支えるために、卸売市場法で卸売市場の整備に税金が投入される。漁業も手厚い保護政策で補助金投入がなされる。

コロナウイルス騒動で問題として明確となった課題と対応の方向は次の通りではないかと考える。

外国頼みから国内重視へ

①外国依存はあてにならない。輸送ラインの多くが停止された。また、人的な交流も遮断された。加工労働力と漁船労働者と漁船オブザーバーなどが確保できない。国内労働力を活用するべきである。水産加工業や食品加工業も原料と安価な加工を海外に依存し輸入が止まった。

観光インバウンドに依存を強めすぎた。国内自給率が低いが、アウトバウンド需要と輸出振興を推進し、矛盾した行政を実行した。

②消費者の水産物への需要が大きく減少した。外食産業、特に、寿司屋や飲食店が軒並み総倒れである。観光需要の減退で都市部だけでなく、観光地の需要が落ち込む。大人数での宴会やイベントの減少も大きい。

他方で肉類や野菜と果物は保存性があり、簡便で、価格優位性もある。今後ともさらに消費は増大しよう。

だからこそ、安価で量的な供給を行い、これらを流通させる国内生産と流通体制の強化と国内需要の喚起が重要課題であり、そのことに力点を置くべきである。

③水産物は資源の乱獲で供給を減少させ、価格を上昇させ、それをよしとする漁業者、漁協と行政官と政治家の姿勢がある。国民と消費者の目線がない。キロ四〇〇〇円もする鯨肉、イクラ、サケ、スルメイカやサンマはもう食料ではなく嗜好品であり、手厚い保護と行政の対象からは外れたとみるべきだ。昔は鯨もサンマもサケも大衆食品であった。資源管理と外交を強化して低価格と量的安定の基本的な流通に戻すことだ。

市場も資源管理に参画を

④漁業者は生産・資源管理のルールを守り、譲渡可能個別漁獲割当（ＩＴＱ）で安定生産と安定供給と市場のニーズに合った供給を推進させることである。卸売市場も資源の管理に参画することである。率先してＩＴＱ導入を唱え、シドニーフィッシュ・マーケットに倣いＩＴＱを保持し消費者と一緒になった資源管理を実行せよ。

⑤卸売市場も検査のための法的な権限を持った取締官を入れて漁獲を監視する法制度が必要だ。これは英米などに大きく遅れる。

また、卸売市場内に水産資源管理の専門家雇用を義務付けるべきである。自らの勉強と漁業者と消費者へのアドバイスの提供を義務とするべきで、また、市場から購入記録を公的機関に提出する義務を負わせる。これはニュージーランドや豪州では実行されている。

卸・仲卸も統合と合理化へ

⑥産地・消費地卸売市場とも卸売業者と仲卸業者の経営の統合は避けられない。豊洲をはじめ、札幌、境港他、日本全国の卸売市場の取扱量と金額は軒並み大幅ダウンである。合理化を強力に推進する最高の時期である。豊洲に卸売七社と仲卸五〇〇社弱は多すぎよう。

おわりに

二〇一七年六月のスミソニアン環境研究所のハインズ所長の訪日の後を受けて、二〇一九年九月には、同研究所のデニス・ウィグハム博士が訪問し陸前高田市の古川沼の現地調査を実施したほか、アラスカ州でのサケマスの研究成果を発表した。また、二〇二〇年二月一七日から一九日までは同研究所での自然工法による水辺再生を手掛けるアンダーウッド社からの技術者も同行し、古川沼を視察して再生計画を作成した。二〇二一年の一〇月には再来日する予定であったが、コロナウィルス感染症が蔓延したために、来日がたびたび延期された。

二〇二二年五月三〇日から六月九日まで漸く来日することができた。一行はデニス・ウィグハム博士とコーヒー米メリーランド州自然資源局専門家、ライアン米テキサス州・ベイラー大学教授とアンダーウッド社のビクラフト氏とビンステッド氏の総勢五名であった。彼らは陸前高田市の古川沼、小友浦を視察・観察した。そして詳細なドローン撮影を行った。今回は陸前高田市に加え、大船渡市の大船渡湾、盛川河口域と蛸の浦のカキ養殖場でも視察を行い、ドローン撮影を行った。

この間にも彼らは日本で自然工法による水辺再生：NBS：Nature Based Solution に関して、日本政府の高官：国土交通省井上水資源局長、農林水産省の武部副大臣、枝元事務次官、環境省の奥田自然保護局長や地方自治体の首長である岩手県達増知事と大船渡の戸田公明市長並びに自民党中谷元衆議院議員と鶴保庸介参議院議員らと会談し意見交換をした。

また、石破茂衆議院議員ら六名の国会議員とNBSに関する決議を採択した。加えて、二〇二二年六月五日大船渡市ではNBSに関する国際シンポジウムを開催したところ一五〇人も人々が参集し熱心に米国の自然工法による水辺再生の先進事例に聞き入った。彼らは、また、サケの回帰が異常に少ないことが伝統的なコンクリート工法によるものではないのかとの質問もして、大船渡市民のNBSに対する関心の高さが示された。

このようにNBSも日本でも漸く関心を持たれるようになってきた。本書は、第Ⅰ章で陸前高田市におけるNBSの取組の方向を示唆し、第Ⅱ章と第Ⅲ章で世界各国でのNBSについての取組を紹介しており入門書の役割も担っている。私たちが地球温暖化を克服し、かつ、末永く生き延び、子々孫々まで、豊かで住みよい日本と地球を残すためには、自然を守り、大切にし、再生し、かつ、自然に対抗したり、抑え込むことをやめて、自然の力を逃がし、これを活用する、調和する、共存することが必須である。そのことを本書で事実上日本初として論じ始めた。

今後予定する第4巻ではスミソニアン環境研究所の一行が残していったNBSの事例とNBSの原則と基本について解説したい。大船渡市と陸前高田市からも、日本でも自然工法による水辺再生のモデルケースを今後発信したい。

■謝辞（順不同・敬称略）

本書執筆、特に第I章の調査においては、調査を実施するにあたり陸前高田市、住田町、大船渡市より多大なご指導とご配慮をいただいた。また、国内の教育・研究機関のみならず、海外の研究機関とその研究者たちからも多大なる助言をいただいた。

かつ調査事業を遂行するにあたって大きな助けとなったのは、地元を愛する広田湾漁業協同組合及びその関係者と漁業従事者、住民の方々である。その感謝の意を込め団体名称及び名前をここに記し、多大なるご支援に、心より感謝を申し上げます。

陸前高田市、大船渡市、住田町、広田湾漁業協同組合、岩手県沿岸広域振興局、大船渡土木センター、一般財団法人鹿島平和研究所、鹿島建設株式会社、鹿島技術研究所、東京都立大学、株式会社マイヤ、株式会社共立土木、株式会社明和土木、株式会社佐賀組、株式会社長谷川建設、株式会社かわむら、株式会社佐武建設、西日本ニチモウ株式会社、株式会社合食、佐々木商店、株式会社渡邊商店、株式会社仙台水産、株式会社カネシメ髙橋水産、NPO法人高田松原を守る会

大坂新悦、鈴木栄・実津子・晃夫、大和田信哉、千田勝治、村上覚政、紺野寿美、橋本勝美、菅野金吾、佐々木洋一・学、吉田洋一、鈴木英司

東海新報社、NHK、岩手日報、みなと新聞

豪州政府、在日豪州大使館、西豪州政府、南豪州政府、NSW州政府、エール大学環境森林学部 大学院、米国環境省、スミソニアン環境研究所、アンダーウッド&アソシエイツ、オランダ デルタレス研究所、国連教育科学文化機関(UNESCO)、国連食糧農業機関(FAO)漁業養殖業局/林業局/農業消費者保護局/気候・生物多様性・土地・水資源局/アラスカ州漁業野生生物局、NOAAアラスカ地方事務所、NOAAアラスカ・オークベイ研究所、アラスカ州立大学水産科学センター・アラスカ州立大学コジアック校、米国ワシントン大学植物生態学講座、ジュノーサケマス孵化場(DIPAC)、シアトル・タコマ港湾局、NOAAシアトル事務局

なお、第Ⅱ章から第Ⅳ章は、みなと新聞に連載した記事の再掲である。掲載をお許しいただいたみなと新聞に、心より御礼申し上げます。

また、第Ⅱ章から第Ⅳ章においても、数多くの政府、在京大使館、国際機関、世界各地の卸売市場と研究機関ならびに個人から多大なるご支援とご協力を賜った。ここにお名前をあげると膨大になるので、本文中の記述にてご容赦をお願いするが、深甚なる御礼と感謝を申し上げたい。どうもありがとうございました。

■参考文献

「２０１５年気仙川・広田湾総合基本調査報告書・森と川と海の正しい関係」（一般社団法人生態系総合研究所）
「２０１６年気仙川・広田湾プロジェクト報告書・森川海と人」（一般社団法人生態系総合研究所）
「２０１７年気仙川・広田湾総合基本調査報告書」（一般社団法人生態系総合研究所）二〇一八年三月三一日
「２０１８年・２０１９年広田湾・気仙川総合基本調査報告書」（一般社団法人生態系総合研究所）
東海大学「２０１４～16年度マリンサイエンス報告書 東海大学」
吉野真史、伊藤靖、千葉達「東日本大震災地盤沈下区域における干潟の再生と生物多様性の検討」漁港漁場漁村総合研究所（平成24年度調査研究論文集 No.23）
古土井健他「大船渡湾の長期水質変動特性の把握」土木学会論文集B2、I_427-I.二〇一五年

二〇二二年六月　小松正之

著者紹介

小松正之（こまつ　まさゆき）

1953 年岩手県生まれ。水産庁参事官、独立行政法人水産総合研究所理事、政策研究大学院大学教授等を経て、一般社団法人生態系総合研究所代表理事、アジア成長研究所客員教授。FAO 水産委員会議長、インド洋マグロ委員会議長、在イタリア日本大使館一等書記官、内閣府規制改革委員会専門委員を歴任。日本経済調査協議会「第二次水産業改革委員会」主査、及び鹿島平和研究所「北太平洋海洋生態系と海洋秩序・外交安全保障に関する研究会」主査。

6 月から日本経済調査協議会「第三次水産業改革委員会」委員長・主査。

著書に『クジラは食べていい！』(宝島新書)、『国際マグロ裁判』(岩波新書)、『日本人の弱点』(IDP 新書)、『宮本常一とクジラ』『豊かな東京湾』『東京湾再生計画』『日本人とくじら 歴史と文化 増補版』『地球環境 陸・海の生態系と人の将来』『地球環境 陸・海の生態系と人の将来　世界の水産資源管理』『日本漁業・水産業の復活戦略』(雄山閣) など多数。

2022年 7 月8日　初版発行　《検印省略》

地球環境　陸・海の生態系と人の将来
大震災後の海洋生態系
—陸前高田を中心に—

著　者　小松正之
発行者　宮田哲男
発行所　株式会社 雄山閣
〒 102-0071　東京都千代田区富士見 2-6-9
TEL　03-3262-3231 / FAX　03-3262-6938
URL　http: //www.yuzankaku.co.jp
e-mail　info@yuzankaku.co.jp
振　替：00130-5-1685
印刷／製本　株式会社ティーケー出版印刷

ISBN978-4-639-02839-0 C3030
N.D.C.660 272p 21cm